晨悟

CHENWU

徐晨光 著

湖南师范大学出版社

图书在版编目（CIP）数据

晨悟／徐晨光著．—长沙：湖南师范大学出版社，2012.10
ISBN 978－7－5648－0927－0

Ⅰ．①晨…　Ⅱ．①徐…　Ⅲ．①人生哲学—通俗读物
Ⅳ．①B821－49

中国版本图书馆 CIP 数据核字（2012）第 241552 号

晨悟
徐晨光　著

◇组　　稿：周玉波
◇责任编辑：何海龙
◇责任校对：胡亚兰　吴晓月
◇出版发行：湖南师范大学出版社
地址/长沙市岳麓山　邮编/410081
电话/0731.88873071　88872751　传真/0731.88872636
网址/http：//press.hunnu.edu.cn
◇经销：湖南省新华书店
◇印刷：长沙超峰印刷有限公司
◇开本：130mm×185mm　1/32
◇印张：6.25
◇字数：80 千字
◇版次：2012 年 10 月第 1 版　2015 年 7 月第 4 次印刷
◇书号：ISBN 978－7－5648－0927－0
◇定价：24.00 元

序

非常感谢作者对本人的信任，让我在第一时间拜读了作者的精华之作，倍感幸甚，感触良多，受益匪浅。

本书凝聚了作者数十年人生和长期当领导、做思想政治工作的经验、阅历、思考和智慧，代表了成长在毛泽东时代、工作在改革开放时期一代优秀领导干部、特别是专家型领导的修养、境界和水平，非常珍贵。

作者用自己的亲身经历和切实体会，非常真诚、非常深刻地论述了怎样做人，怎样做一个有涵养、有作为的人；怎样做事，怎样做出一番经得起人民、经得起历史检验的事；怎样做官，怎样做一个有思想、有贡献、有口碑的官等诸多问题。作者在书中表达和阐述了很多重要观点、精辟见解，总结和提炼了很多至理名言、华章妙句，有如一堂大课、一个大报告、一次总谈心，对年轻人是宝贵的教育和引导，对中年人是重要的激励和鼓舞，还可以让老年人感到欣慰。尤其是如“老板与领袖”、“领导与干部”、“在领导身边如何工作”等文章，中青年干部看了，可以受

益一辈子。

书中阐述了不少新思想、新观点、新视角、新论述，让人振奋、发人深省。如开篇的“人生就是一个成语”，中肯、简练、传神、妙不可言；“通道”与“通行证”，切中时弊，引人深思。对很多已知的问题，作者也有新的阐释。如“人生的不对称定律”，虽类似“木桶理论”，但角度不同，所说的问题不同，很有新意，层次更高，让人很受启发。通读本书，我很受教益，还得到了很大的安慰和鼓舞，感觉书中很多话似乎是对我说的。

作者在交付本书初稿给我审阅时，特别嘱托要我提出修改意见。我也总是很乐意为别人做这种事，更习惯于对手中的稿件大改特改。但对于本书，我除了做一点校对的工作，实在无法再改，因为本书集作者人生阅历、品德修养、领导思想之精华，娓娓道来，浑然一体，佳作天成，我若妄加刀斧，反有画蛇添足之嫌。

最后，再次感谢作者对本人的信任，让我有幸对本书先睹为快。衷心祝愿作者思想之树常青、学术之树常青、人生之树常青，能有更多更好更精彩的感悟杂谈、思想精华成著面世，启迪世人。

刘强伦

于岳麓山下

2012年8月30日

迎着晨光　走向辉煌（代自序）

人在年轻的时候都喜欢做梦，我也一样。我曾经就有一个梦想，希望到约克大学来学习，因为约克大学是世界知名大学。这里不仅有世界知名的商学院，而且培养了很多知名的政治家、经济学家等杰出精英。我们澳门的前行政长官何厚铧先生就曾经在约克大学学习。今天，我终于圆了这个梦。

最近我写了一本书，书名叫《晨悟》。取名《晨悟》有四层意思：一是我的名字叫晨光，是我悟人生；二是我有早晨思考问题的习惯，这些人生感悟很多都是我在早上思考出来的；三是人的一辈子就是漫漫长夜，人到老年如梦初醒，写了这些感悟；四是一日之计在于晨，希望有更多的人能够早点感悟人生，少走弯路，迎着晨光，一路高歌，走向辉煌。

一、人生是什么

有人说是一首诗，有人说是一幅画，而我说人生就是中国的一句成语——任重道远。35岁以前，就是读书，谋求一份合适的工作，承担对社会的一份责任。谈恋爱结婚就是谋求对家庭的责任，所以是一个“任”字。

35岁至50岁，这个年龄阶段的人，工作任务重、心理压力重、家庭负担重、思想包袱重，所以说是一个“重”字。

50岁至60岁，有了经验，悟到了道理，找到了规律，做人做事都步入正道，有一种得心应手的感觉，所以是一个“道”字。

60岁以后，小时候的憧憬和梦想，没实现的都远了，儿女长大成家，离开了父母，所以说是一个“远”字。

二、人生图什么

生活上的归宿感：有一个幸福的家庭。

社会上的荣誉感：有一个好的形象和名声。

事业上的成就感：干出一番事业，对社会有较大的贡献。

三、人生干什么

人生要干很多事，但归结起来就是一件事：人生就是填写自己的履历表。我们的思想是墨水，行为是钢笔，我们用自己的思想和行为填写自己的履历，书写自己的历史。人到黄昏，回头看时，有的人履历表填得满满的；有的人只写了一半，还掉了点墨水。

四、人的一生得到什么

人的一生就得到八个字。幼年时代得到的是“关心”：衣来伸手，饭来张口，过着小皇帝的生活。青少年时代得到的是“关怀”：社会的关怀、家庭的关怀、组织的关怀。中年时代得到的是“关注”：这时候的人都有了一定的成就，受到家庭的关注、社会的关注、别人的关注。老年时代得到的是“关爱”：人的一生没有功劳有苦劳，没有苦劳有疲劳，人老了，应该得到关爱。中国有尊老爱幼的传统，社会应该关爱老人。

五、人的一生什么最重要

德才兼备，德才匹配，厚德载物。德为才之帅，人的品德最重要。品德包括：

职业道德：是什么像什么，要使自己的名称符合公众心目中的形象；干什么干好什么，有一种螺丝钉的精神，干好自己职责范围内的事，使自己的成绩和职责相匹配。

社会公德：以中华民族传统道德为核心的社会公德。一个人应该遵守五伦：父子有亲、长幼有序、夫妻有别、君臣有义、朋友有信。

家庭美德：修身齐家治国平天下，家庭是社会的细胞，家庭美德包括对上要孝、对下要教、夫妻要和。

六、如何与人打交道

应该认真对待三个人：你、我、他。你是我师，三人行必有我师。他是我友，你我之外就是他，把他当朋友，今天是朋友，明天可能是我们的恩人。我是我敌，人生最大的敌人是自己，很多时候，战胜自己就可以战胜一切。

七、如何对待事

人生要做好三件事：自己的事、社会的事、别人的事。做好自己的事，是我们的责任。因为万事都应该从自己做起，自己的事情自己办，不给他人添麻烦。做好社会的事，是我们的义务，因为我们都是社会人。做好别人的事，尽爱心，因为我们都有帮助别人的时候，也有需要别人帮助的时候。

八、如何走好人生路

人生要走好三条路：生活路、事业路、人生路。

走好生活的路：人生有长有短，一年365天，十年3650天，一百年只有36500天，开开心心过好每一天。

走好事业的路：用心做好自己的事，闯出自己的一番事业，有所成就，有所贡献。

走好人生的路：扎扎实实走好每一步，一步一个脚印，连接起来就是我们的人生。

九、如何面对自己

要平常对待三天：昨天、今天、明天。昨天是过去时，不论是成功还是失败都已经过去，无须为之高兴与烦恼。今天是现在进行时，事情还没有结果，谁知道是成功还是失败，也不必为之高兴与烦恼。明天是将来时，来都还没有来，更不知道是成功还是失败，更不要为之高兴与烦恼。珍惜昨天，干好今天，关注明天。

十、如何修炼自己

严格管好三肢体：手、足、口。管好自己的手，做它该做的事，写它该写的字，不做错事、不写错字；管好自己的腿，走稳自己的路，走好自己的路，走通自己的路，不走错路、弯路和邪路；管好自己的口，吃该吃的东西，说该说的话，说好想说的话，不说错话、坏话。

因为时间关系，今天就讲这么十个观点，具体内容，我回家之后把书寄给你们。讲到这里，我又有一个梦，希望各位教授、博士到我现在的工作单位和原来的工作单位去交流。湖南人将用我们的湘菜、湘烟、湘酒、湘茶和湘情热忱接待你们。

徐晨光

2012年9月18日

（在加拿大约克大学的演讲词节选）

目 录

人生篇

人际篇

人事篇

RENSHENG PIAN 人生篇

01 人生就是一个成语

对人生的理解，不同年龄、不同环境的人会有不同的特点。年轻人爱做梦，对人生的理解带有浪漫色彩；中年人很劳累，对人生的理解会有沉重的感觉。人只有经历不同的阶段，尝尽人生的酸甜苦辣，才会对人生有全面的理解。

人生是什么？人生就是一个成语——任重道远。

在35岁之前是一个“任”字：读书干什么？为了谋求一份合适的工作，承担对社会的一份责任。恋爱干什么？为了找一个合适的伴侣，共同承担对家庭的一份责任。

35岁至50岁是一个“重”字：思想包袱重、工作任务重、心理压力重、家庭负担重，人人都是负重生活，是最难熬的一段时间。

50岁到60岁是一个“道”字：工作有了经验，悟到了道理，找到了规律，得心应手了。家庭负担开始向下一代转移，有了媳妇熬成婆的感觉。人在社会上也成熟多了，看不惯的能看惯了，想不通的能想通了，难适应的能适应了，一切步入正道。

60岁之后就是一个“远”字：年轻时的憧憬与梦想，能实现的都实现了，不能实现的也走远了。儿女成家立业奔事业离我们也远了，老人长辈上了天堂，也离我们远去。

至此，人的一个轮回基本结束，这就是人生！

02 上帝造人本没有区别

人是什么？人是有思想、会思考、能干事、善于适应环境、能够改造环境的高级动物。人可能会有不同的状态，有的穷，有的富，有的高贵，有的卑贱，这都是后天形成的，上帝造出来的人都是一样的，没有贵贱高低之分。

每个人都有两只眼睛，平行摆着，意味着人到社会来要平等待人，不要有高低之分，要把眼光放远一点，不要鼠目寸光。

每个人都有两只耳朵，一边摆上一只，意味着人来到社会要耳听八方，不能只听一面之词。赞扬的话要听，批评的话也要听；正方的话要听，反方的话也要听。

每个人都有一只鼻子，但有两个鼻孔，意味着人来到社会不要人云亦云，做人要有自己的主张和原则，不要同谁一个鼻孔出气。

每个人都有一张嘴，但有两张嘴巴皮，意味着嘴巴有两大功能：吃饭和说话、生存与生活，但只有一个舌头，意味着人说话只能说一种话，不要当面说人话，背后说鬼话。

每个人都有一颗心，但有两个心房，意味着人来到社会上，对人、对事、对家庭都要一心一意，不要三心二意，更不能背叛。想问题都要辩证思考、换位思考，上半夜想想自己，下半夜想想别人。

所有人都是一样，这就是人吧！

03 人生就是书写自己的历史

人的一生在干什么？积累财富？家有黄金万两，一天也只能吃三顿。争取官位？官就是一张纸，在位时你是官，下台后还是一个普通的人。为了子女？子女弱于我，留钱干什么，再多的财富也会失去；子女强于我，留钱干什么，他们肯定比我们过得更好。

人的一生就是在书写自己的历史。我们的思想是墨水，我们的行为是钢笔。我们的一切言行举止都是在填写我们自己的履历。人生回头看时，有的人经历多多，履历填得满满；有的人潦草地填了几笔，还掉了点墨水。

我们的历史，就是我们留给后人的经验。当然，也有可能是教训。但无论是经验还是教训，都是一笔财富。要珍惜自己的人生，书写好自己的历史，让后人以此为镜。

04　人生八个字

人的一生，大体可经历四个阶段，即幼小阶段、成长阶段、成就阶段和老年阶段，从社会中得到八个字，即关心、关怀、关注和关爱。

来到人世间，我们经历的第一阶段是幼小、弱者阶段。在这个阶段里，我们得到的是关心。父母关心我们的生存，社会关心我们的成长。所有的衣食住行都在父母、家人和社会的关心之中。

度过这个阶段，我们进入成长阶段。这个阶段，我们得到最多的是关怀。因为到了这个阶段，我们基本能管住自己的生活，所以生活上的关心已不是重点，外界开始关怀我们。父母关怀我们的教育，长辈关怀我们的成长，社会关怀我们的发展。

经过成长阶段，我们开始进入成就阶段。经商的当了老板，从政的当了领导。如果说前两个阶段受人关心、关怀的话，这个阶段，我们就会受人关注。关注你的言与行，关注你的品与德，关注你的政与绩，关注你的个人和家庭，总之一切都在别人的关注之中，期待之中。

人的最后一个阶段是老年。在这个阶段，我们的特点是休息比活动多，回忆比憧憬多，指责比赞扬多，说话比做事多，期待社会的关爱和尊重。人生到老，没有功劳有苦劳，没有苦劳有疲劳，应该得到关爱和尊重。年岁已高，身体虚弱，生活不便，需要人的关爱与尊重，所以受人关爱就成了老年人的主轴。

05 人生三品质

人的成功有很多的要素，也需要有好的品质。好的品质也有很多，但“低调”、“感激”和“知足”十分重要。

低调是一种境界，一种姿态，更是一种品质。满招损，谦受益，人修身立世，不管有多么渊博的知识，有多少骄人的成绩，只要一骄傲自满就会失败。

大骄傲、大失败，小骄傲、小失败，谁骄傲、谁失败。“知不知，上；不知知，病。”知道自己的不足是上等人、聪明人。不知道自己半斤八两，自以为是，必然出问题。站在巨人的肩膀上才会成功，认识到自己的不足才会有压力，有了压力，才会虚心地学习，虚心学习才会有进步。可谓低调长士气。

感激是一种十分可贵的生活态度，也是一种良好品质的体现，也是成功的主要因素。人与人之间缺乏感恩之心，就容易导致人际关系的冷淡，人心趋于封闭和自私。只有常怀感恩之心，才会珍惜所有的一切；只有学会感激，才会生活在美好和关怀之中；只有心存感激，才会宽容理解，和谐温暖，真诚团结，谦虚知足。可谓感激聚人气。

知足是一种宝贵的社会心态。幸福来自欲望的满足，而欲望是无止境的，满足只能是相对的，人能知足就能满足，人若不能知足，就永远无法满足。思量疾厄苦，无病便是福；思量悲难苦，平安便是福；思量担担苦，徒步便是福；思量禁锢苦，自由便是福；思量死来苦，活着就是福。人不必高官厚禄，也不必堆金积银，家有黄金万两，一天也只能食三顿，豪华房子独占鳌头，也只能占一个床位。想通这些，幸福就在身边了。可谓知足聚福气。

低调长士气，感激聚人气，知足聚福气。有了积极进取的士气，有了众星捧月的人气，有环绕身边的福气，人生还会缺什么？

06 做人要定好向

我认识一个人，人品很好，业务也很强，搞行政发迹也很早。大学毕业时专业就很好，经常参与重大课题研究、参加重要学术会议，到处有人请他作报告，可谓风光一时。后来看到别人搞行政提拔了处长，走得很好，他就申请放弃专业搞行政，很快，搞了秘书科长，也算是很不错的。后来，看别人下海当了老板，挥掷千金，又从行政转到经商。一晃到了退休的年龄，论行政级别还是一个科长，论专业职称还是一个讲师，论经济收入也很不尽如人意。

人生不能没有目标，也不能没有方向，没有目标和方向，容易走弯路。和别人同一起点出发，跑了三十米之后，再折回来从起点开始跑，再高的水平，再强的能力，也会赶不上别人。

人生要定好自己的位，权衡好自己的优与劣，择优而行。把自己的优势放弃，用自己的劣势和别人的优势比拼，我们永远只能处于劣势，用自己的优势和别人的劣势比拼，我们会永远处于优势。

人生百态，世界丰富也复杂，要善于选择。世上的道路有千万条，总有一条适合我走；世上事情有千百种，总有一行适合我做。三十六行，行行出状元，走对了路，做对了事，就不怕没有回报。

做人做事要持之以恒，不能朝三暮四，不能这山望着那山高，选择时可以调整，但选准了方向，就要永不言弃、永不言败，坚持数年必有好处。一个善于坚持者总比随风倒的人容易成功。

07　习惯改变命运

勿以善小而不为，勿以恶小而为之，坏事从小就不做，好事从小就做起，养成一种好习惯。

有一种习惯是行为习惯。同样的行为多次重复，时间久了，会形成习惯。还有一种习惯本身就是人的本性的外显，有什么样的思考就有什么样的举动，有什么样的品德就有什么样的行动，有什么样的内涵就有什么样的举止。不管哪一种习惯，开始都不是习惯，总是从小到大，从少到多，从零散到习惯，从量变到质变。小者大之源，轻者重之端；小洞不补，大洞叫苦；千里之堤，溃于蚁穴。世无天生的“贪胚”，巨贪也是逐步蜕变而成的，小节不拘，小恶不断，终究大节难得，变成大恶。

好事坏事，行为既怕小，更怕多，多了就会成为习惯。习惯可以改变命运。这就是所谓：播下一种行为，收获一种习惯；播下一种习惯，收获一种性格；播下一种性格，收获一种命运。

人性是生成的，习惯是养成的。本性影响习惯，习惯改变本性。养成一种好习惯可以受益一辈子，一种好习惯也需要一辈子来养成。

08 学会养欲

人都有七情六欲，一个人没有欲望，就不会有激情，不会有上进心，不会有追求。但欲望膨胀了，就会毁灭自己，殃及家庭，殃及社会。贪吃有损健康、贪色会伤身体、贪玩丧失斗志、贪心使人迷失，所以一切欲望都要有一个度，必须把握这个度，把自己的欲望保持在一个可控的范围。

人的一半是天使，一半是魔鬼。欲望一旦和魔鬼一面结合起来就会产生欲望不可满足和自私的特点。人的欲望到了不可满足的程度，就会欲望至上，就会置法律、规章和道德于不顾，把欲望建立在法律、规章和道德之上。人的欲望到了自私的地步，就会人为财死，或成为拜物主义者，成为“欲奴”，把欲望置于生命之上。

一个生命现象足以证明这一点：所有出生的婴儿，来到这个社会都是一个动作，四个手指把一个大拇指掐得紧紧的，这是人自私的表现。但死去的老人又都有一个动作，两手全摊开，什么都不要，生不带来，死不带去，赤裸裸地来，赤裸裸地去，这是人生最后的一种感悟。

09 学会养心

一个阳光心态的人，看人看事看社会都顺着看：人是好人，事是好事，社会一片光明，前景无限美好。心态不好的人，看人看事看社会都倒着看：人没一个好人，事没一件好事，社会一片黑暗，前景无比黯淡。

人是否能够保持阳光心态，关键在于一个“通”

字，万事想通了就到了天堂，想不通就到了地狱。人的一生往往是酸甜苦辣四味俱全，不可能一帆风顺、万事如意，总会遇到挫折，总会有伤心、失望的时候，这就需要进行自我调整。凡事要看得开、想得通，保持一个阳光心态。

阳光心态不是与生俱来的，需要磨砺和修养，学会养心，学会养欲，学会养神，学会用平和之心对待名、淡泊之心对待位、知足之心对待利、敬畏之心对待权、进取之心对待事。

10　虚荣只会把人引向深渊

大富贵者，往往淡化物欲，心存朴素；贫寒之士，反倒张嘴是钱，追求奢华。沉实的谷穗，谦卑低垂；干瘪的稗草，反而昂首挺胸。领导越大，越以深入基层为荣；干部越小，越以见到大领导为荣。

有学问的人讲话简洁、明了、易懂。学问不多的人，装腔作势，咬文嚼字，讲大道理，让你听不懂，似乎更显得有水平。话里带英语的人，往往就知道这一句。

人的一生需要对自己负责，需要维护自己的荣誉，但不能虚荣。虚荣不是荣誉，只是套在脖子上的枷锁。它不能给人带来光环，只能使人更加虚伪；它不能激励人进步，只能使人满足现状。虚荣像云彩，飘在空中，让人捉摸不透。虚荣如空气做的台梯，让人没有踏实感，虚荣只会把人一步步引向深渊。

11 做一个南瓜式的人

丝瓜和南瓜都是瓜，鲜嫩时都很讨人喜欢，人们也都爱吃，但是老了就不一样了。南瓜越老越甜，更讨人喜欢；丝瓜越老越空，最终只能留下几粒种子，自己却成了废物。

人也一样。不论干什么，年轻时都有相同的魅力，都会为社会做点什么，受到欢迎。但是年老之后，一类人像南瓜一样，越老越值钱，人虽然老了，但是有知识，还能教育人、引导人、感染人，还能发挥余热。另一类人就像丝瓜，人老了只剩下一个躯壳，难以再发挥什么作用。

人要学会丰富自己，学会从知识中增加涵养。如果一个人的知识和年龄一样成正比增长，结果就会是年龄越大，知识就越多；知识越多，就越有价值；越有价值，就越受人尊重；越受人尊重，生活就越甜蜜。

无论是当官，还是做学问，都要有一个对知识的追求。当官者没有文化，将来就只会做官，不做官了，就什么都不会，什么用也没有，像老了的丝瓜。做学问的人不追求知识，就只能徒有其名，没有追求者，没有学生，也就没有成就。

当官的人的成就感在于为官一任，造福一方，留下个好口碑。乐在哪里？乐就乐在多年之后还有人记得我。做学问的人的成就感在于培养了一批好学生。

乐在哪里？乐就乐在自己虽然没有很多钱，但有钱的学生很多；自己虽然没当官，没有权，但当官的有权的学生很多。官员以自己的事业为自豪，学者以知识和学生而自豪。

12　幸福是感受

幸福是物质？为什么一些人家财万贯会不幸福，而有些人刚刚解决温饱问题却又很幸福？

幸福是官职？为什么一些人当了大官却不幸福，而有些人什么官都没当却很幸福？

幸福是荣誉？为什么一些人被捧上了天也不幸福，而一些普普通通的人又幸福呢？

幸福是一种感受，对生活的满足程度越高，幸福指数就越高。一个人不是总想着自己是否幸福时，就获得幸福了。

人要快乐一点，就要生活得简单一点。越是简单，越是快乐；越是快乐，越是幸福。人要快乐就要少点欲望，欲望越多，烦恼越多。要学会满足，越满足越快乐，越快乐越幸福。

幸福不是挂在嘴上，不是贴在墙上，也不是堆在家里。幸福是心的感受，只能装在心里。幸福是人的一种心理体验，是对生活的客观条件和所处状态的一种自我判断与感觉。

如今，求幸福的人多，得幸福的人少，为什么？一是不知道什么是幸福；二是不知幸福从何而来。其实幸福并非只是享受，幸福至少包括五元素：长寿、富贵、康宁、好德、善终。这五元素包含生命品质的五个维度，是幸福的基本要求。

13　适度与适应

人不可以没有志向。没有志向就会迷失方向，奋斗就没有目标。但是人的志向一定要适度，要懂得量体裁衣。

目标要适度，低了就没有动力，没有激情；目标高了，实现不了，又容易丧失信心，影响情绪。人生定好位至关重要。

实现目标的速度也要适度，低了落后于人，快了则欲速不达。流水不争先，只要水在流，顺其自然，水到渠成。

人生像是高速公路行驶的车辆，只能直行，不能倒退。车速也必须适中，太慢会被人甩在后面，太快则有可能超速被罚款，甚至导致车祸，车毁人亡。

人要学会适应。人的成功在于适应。每个人最重要的也是适应。世界不是每一个人都可以去改变的。每个人必须适应环境，在适应中改造自我，在平凡中显示伟大，这才是一个人素质和能力的体现。

当然，适应有我适应别人，也有别人适应我。但我们要做的是自己适应别人。当我们达到一定的阶段和层次、能改变环境的时候，别人也会主动来适应我们。对自己有适度的认识，才会更好地适应社会。社会是有差别的，社会是复杂的，社会是丰富的，它不会去适应谁，也不会去选择谁，只有我们选择社会，适应社会。适应社会的程度又源自我们对自我和社会的认识程度，认识越深，适应越好。

14 乐观看世界

世界是什么？没有一个定性，也没有一个定型。对世界的认识是根据认识世界的人的世界观的变化而变化的。热爱这个世界，你就会发现世界的美多一些、善多一些；憎恨这个世界，你就会发现世界的丑多一些、恶多一些。然后又根据你对世界的认识，确定你对世界的态度。

处事的态度有积极与消极之分，观察社会有乐观与悲观之分，人的心情有开朗与郁闷之分。人在社会上总有郁闷、痛苦和沮丧的时候，不是一个人这样，而是每一个人都会这样。不仅今天是这样，而且几千年都是这样。

社会是进步的，人类社会总是一代胜过一代。生活是进步的，今天总比昨天好，明天会比今天更好。想到这一点，我们没有理由不乐观。

社会上鲜花总比荆棘多，好人总比坏人多，笑声总比哭泣多，晴天总比雨天多。这是事实，也是规律。想到这一点，我们没有什么理由不乐观看世界。

坚信，我是最好的，明天会更好，我们就会乐观。

15　退一步海阔天空

有的人当了相当级别的领导，凭他的能力、品质，已经是“德不匹位”了，但他还想往上爬，结果是求“升”心切、走歪门邪道，最后身败名裂。厚德载物，人的积累决定你的地位。一个只能装50公斤的麻袋，一定要给装上100公斤，必然胀破。人贵有自知之明，自己有几斤几两一定要清楚，否则，自己只会垮在自己的盲目“进取”中。

人到了山顶，有三种选择。一是不顾客观现实硬要向上爬，只能在虚幻梦想中失足粉身。二是呆在山顶，留恋美景，不肯下山，只有承受心理的煎熬，只能是在赏景之中也受到别山人的关注。三是明知不能往上爬，美景也欣赏完了，下山去过自己安逸的生活。

人处仕途顶端，有三种选择。一是不知天高地厚，不知自己的深浅，狂妄自大，唯我独尊，凭着蛮劲继续往上攀，结果只会粉身碎骨。二是呆在顶端，留恋美好今天，舍不得各种地位和尊严，结果是处处慎微慎行，过得很辛苦。三是有自知之明，知道天外有天，山外有山，人外有人，求之有度。从心理上退一步，会乐在其中；从行为上退一步，会海阔天空。

人生旅途，有进也有退，上山必有下山，上台必有下台，不要为进与退烦恼，也不要为上与下揪心，进是人生的选择，退也是人生的选择。

16 远大理想与博大胸怀

人无远虑必有近忧。没有远大理想，就会为眼前的曲折而斤斤计较，只有确定好人生的目标，才会把曲折当成通途。

我们目标是去北京，北京应该是在湖南的东北方向。但是出门可能向南走点，或向北走一点，这样走的目的是为了绕开障碍物顺利到达目的地。如果没有这个目标，就会计较自己走出的每一步，为什么要往南走或往北走，使自己迈不开步伐。

有了博大的胸怀，就不会为芝麻大的小事去计较。一个装满水的杯子，放进一个鸡蛋，水就会溢出来，因为它的空间太小，容量有限。而大海驶进一艘航空母舰，水位也没有变化，因为它空间大、容量大。如果一个人的心胸很开阔，就不会为某一句话和一件事去烦恼。宰相肚里能撑船，要做“大人”就得大气，就得心胸开阔。

远大理想和博大胸怀可以使人变得大气，使人变得开朗，使人变得阳光，使人充满信心。理想似明灯，心胸似大海，不仅能给人指明方向，也能给人成长铺平道路。

17 人生的不对称定律

万事万物都是有规律可循的，掌握规律会少走弯路，取得事半功倍的效果。

成功需要百分之百的努力，失败只需百分之一的懈怠。人生像链条，它的成功来自环环紧扣，它的失败只要一环破损；人生像机器，正常运转需要每一个零件的正常，机器失灵只要一个零件的破损；人生像旅途，到达目的地需要始终认准方向，偏离目标只要一时的迷失。

总之，百分之百的努力抵不过百分之一的懈怠；百分之百的成绩抵不了百分之一的错误。弄懂不对称定律，把握不对称定律，不要忽视任何一个环节。

再坏的人也不会天天做坏事，他也有不做坏事的时候；经常做好事的人也不一定一直是好人，他也会偶尔做坏事，一失足成千古恨。要成为好人就要坚持只做好事不做坏事，这虽然很难，也要去努力。

18　人生需要积淀

单位的文化需要积淀，精神需要积淀，人的知识也需要积淀。房屋里有真诚和爱的汇聚，才成为温馨的家；围墙里有真理的承传，才成为育人的学校；千年古刹有宗教信仰的支撑，才成为不朽的殿堂。没有积淀的知识是浅薄的，没有积淀的文化是肤浅的，没有积淀的精神是空虚的。

一个人的学习，不怕收获微小，只要持之以恒，日久可以成大师；一个人的经验不怕缺乏，只要长期在实践中总结，也会成为经验丰富的人；一个人的智慧不怕缺少，只要长期积累，也会成为智慧大师。

19 做官先做人，做人德为先

做官先做人，做人德为先。因为所有官职，省长也好、市长也好、厅长也好，都是一个符号。符号本身没有好坏、优劣之分，本身也没有什么活力所在。它必须依托一定的载体，才能区别好坏与优劣，才能发挥作用，而载体是什么呢？载体就是人。这些符号依托在一个好人身上，就是一个好官；依托在一个坏人身上，就是一个坏官。所以，做官先做人，人做好了，官才能做好。当然，好人不一定是好官，但好官一定是好人。

做人什么最重要？人要有能力、有思想、有道德、有知识，这些都重要。因为有德无才，办不了什么好事；有才无德，不会去办好事，所以要德才兼备。但是相比较而言，道德显得更为重要。德为才之帅，因为道德可以润才，可以领才。有道德没有才能的人，会产生内动力去学，增长才干；而有才能没有道德的人，能力越强，干的坏事只会越多。道德常能填补智慧的缺陷，而智慧永远填补不了道德的缺陷。所以说，有德无才不成事，有才无德干坏事，德才兼备成大事。

20　生活·生存·生命

人的生命是有限的，但它的内涵和外延是可以延伸的，质量是可以提高的。有限的生命可以给社会无限的影响，就看我们如何生存和生活。生命的意义不在于长短，而在于生存和生活的方式。

生活的意义在于延伸自己的生命。生活不能够延长自己的生物生命，却可以延长自己的精神生命。生物生命不能无限延长，再长也会有终点。精神生命是无限的，精神生命的延长也延长了生物生命。两个生命的延长都是生活的意义所在。

生存的意义就在于生前做了些什么，死后留下了什么。有的人活着，社会感觉不到他的存在，感觉不到他对社会的贡献，活着也是白活着；有的人死了，他还在影响人，还在教育人，还在为社会做贡献，他永远活在人们的心中。

生存的意义不在于物质的拥有，而在于精神鲜活；不在于个人的幸福，而在于对社会的贡献。

21　平凡·平淡·平实

平凡不容易。做一个平凡的人，干一些平凡的事，是一种平凡的追求，是一种难得的境界。平凡显示伟大，伟大出自平凡。把平凡的事做好就是不平凡，能把平凡的事做好就是伟大。本是平凡人，做些平凡事，做好平凡事。

平淡是自然的境界，淡泊人生是生活的最高境界。恰到好处不易，淡而韵存则更难。人的一生适合自己就有价值。

君子之交淡如水是交友的境界，朋友淡然处之，彼此会更融洽。米汤浓了会开裂。只追求自然，不追求刻意；只追求低调，不追求华丽；只追求本色，不追求异彩。

只做平实的人是一种清醒，是一种彻悟，是一种升华。人的一生求一个平静，求一个平安。人的一生不要大起大落、大喜大悲；人的一生不能虚情假意，虚功伪绩，虚衔空名，虚晃一枪。实实在在做事，实实在在为人，实实在在处世，实实在在过一生，实实在在一辈子。

22 想得通就是天堂，想不通就是地狱

天堂与地狱只有一步之遥，退一步就海阔天空，进一步可能劳心伤神。想得通就是天堂，想不通就是地狱。物质财富的丰富，能让人过好日子，但不一定能有天堂般的日子。因为现在更多的人不是生活上过不去，而是心理上过不去，情绪上过不去；不是身体

有毛病，而是思想和心理有毛病。

金无足赤，人无完人，残缺美才是真正的美。世界没有什么是完美的，自然的才是最美的，残缺的才是实在的，残缺的才是现实的。想开了、想通了就懂得什么是完美，把握怎样才完美。

往往一个人最执著的东西，就是对自己伤害最大的东西。对哪个人、哪件事越执著，自己在哪里受到的伤害可能就越大。有欲望，就会有失望；有盼望，就会有绝望。欲望越大，失望越大；盼望越大，绝望越大。

放下过去的烦恼，放下未来的担忧，放下现在的执著，放下背负的包袱，内心就会宁静。不嫉妒，无贪念，没私欲，保持平常之心，内心就会得到安宁，就会收获平静，就会享受快乐。

看重别人，看惯社会，看清自己，看准人生，生活就会快乐，心情就会愉悦。

23　身体才是真本钱

常说，功名利禄一切都是身外之物，财富也好，官职也好，只有身体才是身内之物。有一个好的身体，我们不一定得到自己想得到的所有东西，但没有好身体，什么也得不到，得到了也享受不了。

最近我在一次重感冒中感觉到身体才是真资源、真本钱。我平时总喜欢自己写上一段感悟，感冒期间不想动笔，也找不到思路；我平时喜欢打球，感冒期间我想打也打不动；平时上班有用不完的劲，感冒期间，话也不想说，事也不想做；平时喜欢吃西瓜和苹果，感冒期间，望着西瓜和苹果也吃不下。可想而知，一个人的身体有多么重要。

一个人可能有很多的爱好，可能得到很多的光环，也可能有很大的成就。但这些都是附加物，都必须依附在有很好的身体之上，没有一个好身体，一切都无从谈起。

人的身体是“1”，其他附加物是“0”。有了身体这个“1”，其他附加物加在后面，就呈10倍增长。如果没有身体这个“1”，附加物加得再多，也只能是“0”和“0”相加，没有任何意义。身体才是自己的，其他都是身外之物。有了身体，附加物才是财富；没有身体，它们只能是欣赏物、观赏物。

身体是最大的财富，身体是万事之本，不能以牺牲身体为代价，先生存、后生活，先快乐、后享受。留住身体就留住了资本，有好的身体就有优质资本。

记住：钱多钱少没完没了，官大官小都有烦恼；你好我好，学问好是最好；这强那强，身体强是最强。

24 自在地活在属于自己的天地

外面的世界很精彩，那是别人的；别人的生活很精彩，那是别人的；别人的事业很辉煌，那也是别人的。这些精彩，可以欣赏，但不能强求；可以借鉴，但不可攀比。每个人都有自己的生活环境，每个人都有不同的际遇，当然也没有两个人的成就能一样。

人比人，气死人。攀比只能让自己心里不平衡，攀比只能让自己受到心灵的煎熬。活在自己的一亩三分地，活出属于自己的精彩。

有的人对自己的优势熟视无睹，总觉得别人比自己条件好，但就是不去想，也许别人的条件并不适合自己，也许别人的条件就是蹩脚马；有的人对自己的成就视而不见，总觉得别人的成就辉煌，但就是不想别人的成就自己得不到，也许这样的追求就是向着毁灭在奔跑。

因为别人不是我，别人帮助不了我，只有我才是我，只有依靠我，看重我，才能做好自己的事情，做好自己这个我。放下欲望，放下攀比，才会看到生活的自在，用心去干自己的事，干好自己的事，我们的事业才会有成就感。

把那些无谓的痛苦扔掉，冬天都来了，春天还会很远吗？今天一过去，明天又是崭新的一天。所有走过的路，所有经历的事，都是没有办法改变的，我们唯一能做的就是改变自己的心态。雨果说得好："世界上最宽广的是海洋，比海洋更宽广的是天空，比天空更宽广的是人的胸襟。"宽容是大智慧，心宽了，路就会宽，生活就快乐。

25 故事与事故

故事是可以传颂的，事故也是可以流传的。故事是有好坏之分的，事故再好也好不到哪里去。故事是每个人都会有的，小时候有顽皮的故事，成人后有生活的故事，立业后有事业的故事，恋爱后有爱情的故事，等等。事故对每个人来说一次都不能有，轻者影响自己和家庭，重者影响单位和社会；轻者影响发展，重者毁灭人生。

故事有时和事故就擦肩而过，故事再前进一步就可能是事故。有些事情发生时是故事，发现时就是事故；有些事情谈谈是故事，再深入地了解就是事故。

人不能没有故事，但要守得住法律底线、政策底线和道德底线，否则故事就成事故。

26　金钱与感情

金钱代替不了情感，情感也代替不了金钱。

金钱是用来交换的货币，情感是用来交流的无形物。人的生活中没有金钱是万万不能的，但金钱也不是万能的。因为金钱能使人很好地生存，但不一定使人很好地生活。金钱能使人快乐，但不一定使人幸福。金钱能让人满足一时的欲望，但不一定使人得到长久的感情。这就是为什么很多富豪家有上亿资产还羡慕普通人的生活，整天花天酒地的人还羡慕普通人的爱情的原因。

父子不亲，不是因为没有钱而是因为没有情；夫妻离婚不是因为没有钱，而是因为没有爱；兄弟不和不是因为没有钱，还是因为没有情。

相反，情感也不能代替金钱。思想一旦离开利益就会使自己出丑，情感的东西，伦理的东西，无论如何入情入理，都不能代替经济。因为感情不能当饭吃，不能当衣穿，衣食住行，生老病死的问题是不能用感情代替金钱的。

社会是由物质和精神构成的，人也有物质和精神的双重需求，所以两者相互不能代替，人的追求也不能偏废。物质满足人的欲望，精神影响人的一生。

27　人要学会积累

人的经验靠积累，人的知识靠积累，人的智慧靠积累，人的财富靠积累，没有积累就没有厚度，就只能是一捅就破的“纸糊人”。

积累的过程也是学习的过程，学习是能力之母，也是成功之母，懂得学习，有了积累，一切都会水到渠成，一切都会随之而来。

人的一生就是一个积累的过程。没有1+1=2的学习，就不会学会微积分；没有横竖点撇捺的学习，就不会有书法艺术；没有儿时的顽皮、少年的懵懂，就不会有成年的成熟。不要忽视细小的经历，不要小看点滴的积累，不要放过每一次学习、经历、积累的机会，不要轻视身边的每一个人，他们都是积累之源。

人要善于积累，没有一成不变的经验，不能一成不变地套用经验。要有发散性思维，也要有创新性思维。在积累中发展，在积累中创新，不断积累，不断创新，不断发展。

28 开卷有益

学知识没有固定的方法，也没有固定的地点，还没有固定的内容，开卷便有益。

科学给人以胆量，知识给人以力量，信仰给人以肚量，诗书给人以气量。

读哲学获灵气，读政治长大气，读历史养正气，读英雄传鼓士气。读诸子百家，思圆行方；读马列经典，资政育人。

29 听报告学得快，读书学得真

听报告和读书都是学习的方式，两种方式都有优势。

听报告学得快。因为报告是报告人看了许多书之后才凝练成的，讲的都是核心、重点、精华。听三小时的报告相当于看了三十天的书。当然报告一定要是有内容、有含金量的报告，应付了事、满口胡编乱造的报告不会有这样的效果。

读书学得真。因为读书得到的是第一手知识，是原创的知识，所以是最真实的知识。听报告得到的知识是间接的，或是经过几次转移的，有些知识真伪难辨，听了不踏实。

把听报告和读书结合起来，学知识就能高效。把听的报告当成是引领、引导、提高，积极获取信息的过程，然后根据报告的引领去读书、去获取，去伪存真，这样的学习方法可能会更有效。

上帝给人造耳朵是让人听的，造眼睛是让人看的，两者都有获得知识的功能，只有发挥每一个器官的作用，我们才能在学习中达到事半功倍的效果。

30 坏事不一定不是好事

好与坏不是绝对的，是可相互转化的，坏事利用得好是可以变成好事的，坏与好之间没有多远的距离。

我的一生碰到过两次很坏的事，但正是这两次坏事改变了我的命运，成就了我的今天，我感恩这两件坏事。

1974年，我是一个偏僻乡村的民兵营长，之前当过记工员，民兵排长，生产队长，当时是全县回乡知青中扎根农村“干革命”的典型。我当时的情感已经完全融入农村和农民之中，没有半点想跳“农门”的想法。一天，一个公社干部的话触动了我：“作为全县的典型，到现在为止都还不找对象，看你就不想在农村干一辈子。”并说，“隔壁村的妇女主任和你就很合适，为什么不谈一谈呢？”我听党的话，听干部的话，通过人约好了对方晚上见面。晚上七点多钟，我在约好的地点等着，女方也按时赴约了。没想到女方一进门，她的父母就旁若无人地闯了进来。母亲抓着她的头发，父亲拿着一把菜刀，朝桌上一砍，骂了一句话：“要找也要找一个吃国家粮的，找农村伢子干什么？”骂完，拖着女方就走了。这样的打击，对一个刚过20岁的年轻人来说，对一个第一次准备谈感情的年轻人来说，打击会有多大！这时，我就只有一个想法，无论怎样，我也要争取吃上“国家粮”，这也许就是我人生的第一个理想吧。

1975年，作为全县的先进典型，我被推荐上大学。当时上大学靠推荐，推荐那些政治上靠得住、有培养前途的青年上大学，读书回来再为农村服务。我的推荐工作按程序都走完了，但我最后没有收到录取通知书，据说是有人打招呼，把指标给了另外一个人。就这样，全县的典型推荐不上，而领导的条子让另外一个人上了岳阳师专。

1976年，推荐上大学的工作又开始了。由于有了上一年的事，一些正直的人开始说话了，这样才让我有了一个上大学的机会，但却是“社来社去”的那种大学。公社决定推荐我到岳阳师专学政治，回来之后当一个兼职的公社党委副书记。没想到，当时政治是热门专业，又碰巧一个领导的小孩，她本来是推荐到湖南师院外语系学英语的，看到有一个岳阳师专学政治的指标，这位领导利用手中的权力，把我们换了一下，这样我就只能到长沙来学外语，把岳阳师专学政治的指标给了她。我当时蒙在鼓里面，糊里糊涂就来长沙学习了。

感谢打倒了“四人帮”，恢复高考，恢复抓学习。我的外语在没有一点基础的基础上，全年级冒尖，加之我有从事民兵营长的经历，还在全年级展示了一定的做思想政治工作的才能，我留到学校做学生辅导员工作。

我就是在这样的“坏事”影响下，走上工作岗位，走上现在的道路。我有今天，必须感谢这些“坏事”。一个人的成功需要条件保证，但更需要自身的努力，只要是金子，就是混在泥巴里，它也会发光；只要是金子，就算别人不把自己当金子，凭自己的品质，也会成为金子。

31　生活要讲规律

一年有四季，春夏秋冬，春连着夏，夏连着秋，秋连着冬，周而复始，年复一年，这是自然规律。春天万物复苏、春意盎然，充满生机和活力，此时适宜播种。夏天烈日炎炎，炎热难耐，此时适宜养护。秋天秋高气爽，春天播下的种子，通过夏天的养护，开始结果，此时是收获的季节。冬天天寒地冻，万物难生，此时宜休养生息。

一天有四时，少阳老阳，少阴老阴，早晨是少阳，中午是老阳，下午是少阴，晚上是老阴。如此四时轮换，日复一日，这是生活的规律。

顺其自然，周而复始，阴阳平衡，物极必反。一天是一个小轮回，一年是一个大轮回。春天对少阳，夏天对老阳，秋天对少阴，冬天对老阴。早上是少阳，适宜运动，吸收清新空气，供养一天的营养。中午是老阳，一天的工作与运动到了极致，中午进入转换阶段，此时宜休息。下午是少阴，阳光过去，进入阴极，阳开始收缩。晚上是老阴，是阴的鼎盛期，此时宜睡眠。

少阳到老阳，老阳转少阴，少阴到老阴，这是一天的周而复始，这是一天生活的规律，要顺其自然，保持阴阳平衡，这是生活之规，健康之本。该动不动要短命，该休不休要折寿，该收不收要伤命，该眠不眠要短寿。

32　谈口碑

金杯银杯不如公众的好口碑。人的一面是优点，一面是缺点。一个人的优点太多也就没有突出的优点；一个人没有优点就等于没有缺点。人家不说你的优点，就会说你的缺点。为了让别人说自己的优点，就必须培养优点，要别人讲自己的优点，自己就少讲自己的优点。

优点不突出时，就要提升优点。缺点太突出时，就必须抑制缺点。优点突出了，缺点就黯然了；缺点突出了，优点就显不出来了。显不出优点，人家就只能说你的缺点，缺点说多了，口碑就差了。一个人不仅要有优点，而且要有比较突出的优点，让突出的优点成为一个人的公众形象。

33 人生六个“三”

一群年轻人又毕业了，他们就要离开学校了，作为师长，作为过来人，给他们讲点什么呢？思考了一下，给他们送了六个“三”。

平常对待好三天：昨天、今天、明天。昨天是过去时，不论是成功还是失败都已经过去，无须高兴与烦恼。今天是现在进行时，无论成功还是失败，用不着高兴与烦恼，因为今天还在，还可以改变。明天是将来时，未来如何，未来怎样，一切都是未知的，不要为之高兴与烦恼。珍惜昨天，干好今天，关注明天。

用心对待三个人：你、我、他。你是我师，他是我友，我是我敌。三人行必有我师，每个人都有长处，要见人低三分，常向人学习。你我之外才是他，不管他是熟识还是一面之交，不管是贫穷还是富有，都要视其为朋友，今天是朋友，明天他可能就是你的恩人。要以我为敌，对自己一定要严，挑战自己，战胜自己，战胜自我是成功的关键。

扎实做好三件事：社会的事、自己的事、别人的事。参与社会的事，尽责任，因为我们都是社会的人；做好自己的事，尽义务，只要每个人做好自己的事，就没有做不到的事；帮助别人做好事，尽爱心，因为我们都有帮助别人的时候，也有需要别人帮助的时候。

踏实走好三条路：生活路、事业路、人生路。幸福开心过好自己的每一天，让生活充满阳光；用心做好自己的事业，使事业有成、成就辉煌。踏实走好人生的每一步，一步一个脚印，连接起来就是人生走过的道路，一次一个经历，连接起来就是人生的历程，一个一个成就连接起来就是人生的作品。

严格管好三肢体：手、足、口。管好自己的手，做它该做的事，取它该取的财，写它该写的字；管好自己的腿，走稳自己的路，走好自己的路，走通自己的路；管好自己的口，吃该吃的东西，说该说的话，说好想说的话。

潜心养好三个“字”：欲、心、行。养好欲，把欲望控制在可调整的范围之内；养好心，用阳光的心态对待人和事；养好行，扎扎实实迈好人生的每一步。

RENJI PIAN 人际篇

34 社会人要接好三根线

人是社会人，不能脱离社会，也无法超越社会。生活在社会之中就要融入社会，和社会和谐相处。社会人要接好三根线。第一根是天线，连接上级和领导的线，此线不通，会没有方向，容易蛮干，干起来很辛苦，类似顶着石窝子唱戏——人吃亏，戏不好看。第二根是地线，就是群众这根线，此线不通，没有地气。没有地气，干事就没有底气。第三根是横线，左邻右舍的线，这根线不通，工作得不到配合，得不到支持，干起来没有合力。

小时候看西游记，只知道孙悟空有七十二变，能打赢所有的妖怪，有孙悟空，就什么都不怕。现在再看西游记，才知道孙悟空的能耐是两方面：一方面是自己有能耐，能战胜很多妖魔鬼怪；另一方面是他的天线、地线和横线都是通的。打不赢可以找火神、龙王，还可以直接找观世音菩萨。个人的能力是基础，社会的支持也不可忽视。

一个人的能力是有限的，没有方方面面的支持，人在社会上会寸步难行。人不能以自我为中心，不能独来独往，不能老子天下第一。有权人要考虑无权人，权力部门要顾及非权力部门，因为铁打的营盘流水的兵，没有永恒的权力，更没有永恒的权力人。

35 人际交往的境界

境界，是人们在修养、学识、道德等方面所处的高度，反映的是一个人生命的品质和价值。人际关系是人与人之间的关系，反映的是一种社会关系。人际关系和谐，是因为社会的人际生态基本平衡。

人与人之间的交往大概有四种境界，即：毫不利己、专门利人的境界；利己又利人的境界；利己不损人的境界；损人不利己的境界。

毫不利己是一种“无我”的境界，我们希望这样，但事实上总做不到。如若社会上只有他，没有我，也就没有我和他的交往了，这种境界就不存在。

第二种境界是“有我也有他”的境界。它提倡的是“我为人人，人人为我”。这既符合市场经济的规律，也符合人际交往的规律。因为每一个人都有帮助别人的时候，也有需要别人帮助的时候。

第三种境界是“为我不为人”的境界，这种境界以自我为中心，只需要别人的帮助、关怀、关心，而不回报，忽视自己的社会性，不符合人际交往规律。

第四种境界是一种“不为人也为不了我”，破坏性的、伤害对方的境界。它破坏人际交往的规律，损害别人，也不保护自己，最终是连自己也一起损了。

这四种境界，包含了人际交往的不同层次、不同心态和不同的后果。社会是你我他共同组成的，人际交往的主体也应该是你我他，交往的目的也应该顾及你我他。你我他的责任决定人际交往的境界，人际交往的境界决定人际交往的结果。

36 不要把什么人都当成父母

父母和儿女之间的关系是一种特有的关系。父母是给我们生命的人，我们是父母爱情的结晶、生活的结晶。父母和儿女之间的亲情，不讲代价，不计报酬，没有什么可以代替。

父母的爱能够穿越时间和空间，能够化解矛盾和心结，能够生成爱心和包容心，也能够生成无私和奉献。但父母的爱只限于特定对象，不可泛化，无法类比，也不能移植。

父母对儿女的爱无私也无畏。父母可以为儿女的生存牺牲自己，为儿女的幸福奉献自己，为儿女的成长甘当人梯。他们为了儿女，吃多少苦都不会言苦，受多少气都不言怨，受多少委屈都不言恨，这些只有父母做得到。

所以不要把所有的人都当成父母，要求每个人都像父母一样无私地宽容我，关心我，帮助我。

37 家庭三个字：孝、教、爱

什么是人的家庭责任？家庭是社会的单位细胞，作为家庭的一员，我们应尽的责任归结起来就是三个字，一句话：对上要“孝”，对下要“教”，夫妻要“爱”。

父母是给我们生命的人，也是哺育我们成长的人，也是第一个给我们关怀的人。有人曾把母亲的乳汁放到玻璃杯中，一星期后就变成了红色，因为乳汁是母亲的鲜血。我们是吸着父母的鲜血长大的，还有什么理由不孝顺父母？长辈的今天就是我们的明天。你今天的不孝会导致晚辈明天对你的不孝，屋檐下的水点点滴在现窝里。

对下要教是因为人总是教出来的，好人是教出来的，坏人也是教出来的。三字经讲：“人之初，性本善。”又说：“苟不教，性乃迁。”还说：“子不教，父之过。”人的本性是善的，不教育就改变了，谁来教？首先是父母来教。不教育子女，就是父母的失职。教育子女是父母的责任。教什么？要教育子女怎样做人。《弟子规》有一句话说：“不力行，但学文，长浮华，成何人。”不学会如何做人，却去学琴棋书画，只会长虚荣心，能成什么人呢？教子女做人是第一位的。

夫妻之间要有爱。茫茫人海中，我们选择了他（她）作为配偶，靠的是爱。两个人有了爱，才能走到一起，要继续走下去，还是需要爱。真诚之爱，无私之爱。爱生情、情生缘，爱生和、和生财，家庭充满爱，才会和谐，家庭和谐才会生财，才会兴旺。

38　低调看自己，和谐待别人

一个人只是沧海一粟，有和无对社会的影响不大，一个人的能力只有那么大，不能影响地球的转与不转。胸怀远大志向，改造世界的志向要有，但撬动世界的最佳支点不是地球、不是国家，也不是别人，而是自己的心灵。

低调是姿态，低调是风格，低调也是涵养。成熟的麦穗总是低着头，一味的狂妄是无知的表现，懂得低调是成熟的开始。只看自己的优点、优势，是年轻人的特点；能够分析自己，找到自己的缺点，是成熟人的特征。表现自我、突出自我，以自我为中心是缺乏涵养的表现；顾及别人，尊重别人，团结别人是一个人有内涵的表现。

用感恩的心对待别人，用自责的心对待自己。用宽容之心对待别人，用严苛之心对待自己。金无足赤，人无完人，这是常态，也是规律。同事有缺点，批评但不批判，严格对事，宽容对人。自己有缺点，要多做自我批评，要请求别人宽恕。特别是不要犯了错误还不认错，甚至口出狂言，激化矛盾，激怒别人。

把自己看低一点，把别人想好一点。自己看低自己，别人还会高看你。把别人想好一点，别人就会把你想好一点。只有这样，每个人才会融入和谐的团队，得到和谐的回报。

39 朋友需要甄别

朋友分为四种。第一种是政治朋友。也可以称同志，以共同的理想、共同的事业为基础的朋友。有理想、有事业时是朋友，离开理想事业是同事，背叛理想事业是敌人。第二种是利益朋友。以利益为基础的朋友，有利益是朋友，没有利益是同事，利益相争是对手、可能还会是敌人。第三种是兴趣朋友。物以类聚，人以群分，兴趣相投是朋友，兴趣相近时是熟人，兴趣相反则闹对立。第四种是酒肉朋友。有酒有肉有吃有喝是朋友，离开酒肉是相识，没酒没肉不认识，等等。

朋友的基础是“情、义、信”，即“感情”、“道义”、和“诚信”。建立在“情义信”基础上的朋友，是真朋友，是忘年交，因为它有基础、有基石。以自我为中心的朋友只能是表面的、暂时的，随着条件环境的变化它必然变化。所以同路人不会永远同路，真朋友才会伴你一生。以自我为中心的朋友是定时炸弹，真朋友才会是财富。

记住：得到朋友帮助的很多，因交友不慎而被朋友害的也不少。朋友不在多，而在真和精。交很多的朋友并不难，难的是交几个真心的朋友。

40　年轻人与老年人

从年轻到年老，从青年到老年，是人生的规律，违抗不得。

年轻时血气方刚，想不到老年的无奈；年轻时初生牛犊，感受不到老年的无助；年轻时憧憬未来，感觉不到老年的失落。

年轻人想未来，老年人忆过去；年轻人看规划，老年人看总结；年轻人说打算，老年人谈经验。

年轻人行如风，站如松，抱枕即能睡；老年人躺下睡不着，坐着打瞌睡。年轻人高兴就笑，悲伤就哭；老年人哭时无眼泪，笑时泪水流。

年轻人看东西，一目了然；老年人看东西，远的看得见，近的看不清。年轻人记忆好，过目不忘；老年人最近的事不记得，过去的事忘不掉。

人不嫌人老，儿不嫌母丑。年轻人都会变老，老年人的今天就是年轻人的明天和后天。老年人也年轻过，年轻人的今天就是老年人的昨天。今天我们怎么对待老人，明天年轻人就会怎么对待我们。

老年人在年轻人面前要少提当年勇，因为年轻人今天大有作为。年轻人在老年人面前应少提现在勇，因为老年人也曾经英勇过。

41　求人办事是一种有效的沟通方式

人生活在社会之中，生活在人群之中，参与社会的方式是多样的，与人交往的方式也不是单一的。因为人离不开社会的支持，也离不开他人的支持，所以求人办事和帮人办事一样都是一种交往方式，也是一种沟通方式。

沟通需要一定的载体，需要一定的切入点，也需要有效途径。它寻求的是一种结果，即消除误会、密切关系、增进感情。当然，沟通主体的态度、姿态也很重要。人往往有一个毛病：认为自己伟大，别人平凡；自己能干，别人平庸。所以在与人沟通时容易居高临下，容易以我为主，谈话的语气，行事的方式都会使人难以接受。求别人办事，就会是谦虚的态度，因为我不如人；低调的行为，因为有求于人；感恩的心态，因为别人帮我解决了问题。这样的沟通将会是一种有效的沟通。

由于态度和姿态的正确，两人之间沟通就顺畅，就会在谈话中增进感情，在办事中增加友谊，在交往中密切关系。求人办事是一个过程，密切两人的关系才是结果。

42　别人不是自己

痛苦有自生和外生之别。即使是自生的，也有自生的和自找的之区分。疾病属自生的，但情绪很坏就是自找的。情绪受心理的影响，而心理活动往往又由比较而产生。这就是我们常说的：现在的人，很多不是生活上过不去，而是心里过不去；不是被饥饿围困，而是被饥饿的感觉围困；不是自己过不去，而是在和人比较中过不去。很多事情一比较，问题就多起来了，种种困扰痛苦，也就应运而生。

万事想得通是天堂，想不通是地狱。生活中，发现别人比自己生活得开心快乐，别人的事业顺利，爱情幸福，而自己仿佛什么也没有，自己就开始想不通，想不通就自寻烦恼，自找痛苦。这时候愤怒之心油然而生。

自己是自己，别人是别人。自己不是别人，无须拿别人和自己做比较。别人不是自己，也无须在和别人的比较中找痛苦。人受到打击和失败后，都会觉得自己很没用，甚至悲观地认为自己什么都不如人，把自己看得一无是处。事实上，每个人都有自己的长处，都有自己的优势，关键是要善于发现，科学比较，不要只用自己的优点比别人的缺点，也不能只用别人的优势比自己的不足。往往换一个角度，换一个方法去思考、去比较，会得到截然不同的结果和效果。

43 给自己生路，也要给别人出路

最近我参观博野有机蔬菜基地，看到一种现象：蔬菜长得很好，但杂草也保持得很好。在参观讲解之中我明白了一个道理：要给自己生路，就要给别人出路。

什么是有机蔬菜？就是一种不打农药，不用化肥，自然生长的蔬菜。蔬菜生长在自然的环境之中，不可能不受病虫的伤害，因为害虫也有生命，它也要生存，要生存就必须要吃东西，蔬菜地里蔬菜最多，不吃蔬菜吃什么？

蔬菜是给人吃的，害虫把蔬菜吃了，人还吃什么？因此要防治害虫。为了保证蔬菜是有机蔬菜，又不能打农药，怎么办？要保证蔬菜不让害虫吃，就必须让害虫有别的东西吃，你不给它生路，它就来害你，它就同你争吃蔬菜。

害虫既是蔬菜的敌人，也是生态平衡中的伙伴，它是生态中的一分子。哪里有生态，哪里就会有害虫。建设一个只有蔬菜、没有杂草，只有蔬菜、没有害虫的王国是不现实的。在种好蔬菜的同时，爱护好杂草，让害虫有生活之地，有生活之基，它就会少伤害蔬菜或者不伤害蔬菜。

这样的做法从管理上讲是管和理的关系，从方法上讲是堵和疏的关系。生态需要平衡，人类需要和谐，斗则两伤，和则双赢。互相支持，共生共荣，相互友好，和谐相处应该成为人与人、人与社会、人与自然的主流形态。

44　为别人好就是为自己好

经济发展有一个规律，当一个地方的优势显现出来之后，它会把周围的人财物都吸过去，积聚过去，使附近地区受到伤害。当这个地区发展很好之后，又会反哺周围地区，带动附近地区的发展。

人与人之间在发展上既是对手，也是朋友。在起步阶段是对手，是竞争，是优胜劣汰，就看谁能抢得先机。当一个人的优势显现出来，像生物生长一样，肯定会需更多的阳光、雨露和肥料，仅有自己的一份是不能保持优势的。只有占用周围的营养才能保证优势的需要。当别人的发展优势显现出来之后，有人可能嫉妒，有人可能拆台，也有人可能支持，甚至作出必要的牺牲去支持别人的发展。不同的态度会有不同的后果。相互补台，好戏连台；相互拆台，共同下台。互相补台，共创未来；互相拆台，大家受害。

如果用支持的态度去对待发展的优势，它会发展得更快、更好。当然自己暂时受到一点影响，日后一定会有回报。当别人发展到一定的时候，最先反哺的、最先受益的又恰恰是他最熟悉的、最了解的人，这些又恰恰是曾经给他提供营养的，曾经受到“伤害”的人。

盲人夜间行路，提着一盏灯，虽然不能使自己看见路，但它可以使看得见他的人不会撞到他。予人方便，予己方便。支持身边的人，就是间接支持自己。

45　一荣俱荣，一损俱损

生活在一个团队，应该把团队看成是自己的，因为一荣俱荣，一损俱损，很难有人独善其身。

蚂蚁的力量并不大，但是它的生命力很强，就是因为它的团队精神，碰到水灾火灾都能够抱成一团，牺牲自己不要紧，只要能保存一部分就是胜利，这样就能够繁衍不息。

体育比赛的集体项目，为什么每个人都那么卖力，因为是一荣俱荣，一损俱损。胜利了每个人都能够得到金牌，即使有人表现不佳也忽略不计。如果失败了，每个人都是同样的结局，没有哪个人可以说是胜利者，哪怕他的表现再突出。

据说湖区人比山区人更容易团结，相互之间都很关照。因为湖区人生活在垸区内，他们共同的最大敌人是洪水，每年防洪抗洪都要齐心协力，共同应对，非常团结。因为如果不努力，垸区决堤后，受灾的不是哪一个人，而是所有人。时间长了，他们就形成了团结、关照的特性。

每个团队都要有团队的精神，不能以自我为中心，就要一致对外，不能搞内斗；就要相互补台，不能相互拆台；就要相互关心，不能相互攻击。

46　没有一个人是完美的

今天中午吃饭时，发现一个女孩子，今年三十二岁了，还没有找对象，仔细一看，女孩子长得很漂亮，过细一了解，家庭条件也很好，没谈对象的原因就是没碰到自己满意的。

我不由得开始思考，什么叫“满意的”，无非就是全面完美的。就是在干体力劳动时，对方要像农民工一样有劲；花钱时，对方要像老板一样富有；谈吐中，对方要像知识分子一样有内涵；追名逐利时，对方要像领导一样有权；恋爱时，对方要像宅男一样形影不离；社会交往时，对方要像社会活动家一样八面玲珑。其实这样的人根本就没有，因为人的素质不会那样全面，人的经历不会那样全面，人的能力也不会那样全面。如果坚持要找这样的人，最终只会是找不到人。

是的，世界上没有一个人是完美的。择偶过程中，靠两个人的相互欣赏才能找到爱，两个50%并到一起就是100％。给爱情一定的空间，让其慢慢地去释放；给爱情一定的时间，让其慢慢去积累；给爱情一定的宽容，让其慢慢去完美。

爱情需要学会欣赏，只有两个人相互欣赏才能找到爱情。一个人长得并不好，但他有气质，很善良；一个人可能不是很有钱，但他勤劳。人总是有优点的，善于发现优点，善于欣赏优点，优秀的对象就会在你面前。

择偶是双方的，我们要求人家这样完美，这样全面，我们自己又如何呢？如果别人也是这样要求我们，我们不是也达不到吗？

看一个人要看他的主流，看他的特点，看他的优势。判断一个人，不能拿他和另一个人比，特别不要拿他的劣势和别人的优势比。如果这样，我们就会带着问题眼镜看人，发现的都是缺点，最终也只能是找不到合适的人。

47　学会和不同的人相处

记得小时候母亲对我说：要学会和不同的人相处。要和比你差的人相处，他们身上也有很多值得学习的长处；要和跟你差不多的人相处，因为同等人之间更能交流；要和比你强的人相处，因为在他们那里可以学到很多东西。

长大以后，随着生活阅历的不断丰富，我还真认识了这一点。三人行必有我师，身边的人各式各样，有朋友、有熟人、也有敌人。其实只要正确对待，虚心学习，汲取他人所长，为我所用，每个人都会成为我的老师——至少是一事之师。

每个人都值得感激，至少对我的成长有过帮助。养育我的人，给了我生命；帮助我的人，给了我支持；宽容我的人，给了我理解；伤害我的人，磨炼了我的心态；欺骗我的人，增长了我的智慧；为难我的人，强化了我的毅力；反叛我的人，擦亮了我的眼睛。

一字之师也是师，一日之友也是友，一事之助也是助。凡事多从好处想，看人多从好处看，多想人的好，就可以和不同的人相处。

48 人人都喜欢激励

人人都喜欢听表扬的话，因为好话让人欣喜；人人都喜欢激励，因为激励鼓舞人的斗志。小孩子得到激励，可以成为他前进的动力。成年人得到激励，他会信心百倍。群众得到激励，会干劲倍增。领导得到激励，会心情喜悦。激励的手段和方法是多种多样的，有精神的，有物质的。有时一句话的肯定、一个肢体语言的默认、一个电话的提及，都能给人激励。

我在湖南财经学院任党委书记时，一位教授写了一篇重要文章，但知道的人不多，我知道后给他打了一个电话说：您的文章很好，为学校争了光。六年后我们再见面，他还记得我给他打的电话。

2012年，我已经是十二年的厅级干部，是国务院特殊津贴的专家，3月份我在《人民日报》发表了一篇文章，省委书记周强同志亲自给我打电话说：文章拟题好、时机好、内容好。接到电话，我也激动了很久。

人都需要激励，人也要学会激励。激励一般总来自外部，有时候自己也可以激励自己。把目标定适中，让自己每天都有成就感，这就是对自己最好的激励。

49 信任

一个人要被人认识很容易，见过几次面就熟了。但一个人要让人信任就不那么容易，信任必须建立在了解的基础上。人都不会轻易去相信一个人，一个人也不容易被别人信任。需要多方的考验，信任关系才能确立起来。

信任不等于重用提拔，信任有很多表现的形式。心里有话愿意对你说，关键的工作愿意让你干，有快乐能和你分享，有烦恼能和你共同分担。这些都是信任。

信任是诚心的体现，两个人之间能心心相印，可以把心掏出来放在手上玩，掉到地上去，洗干净还是一样。信任一个人要真心，信人不疑，疑人不信。要被一个人信任也要诚心，诚恳待人，诚心办事，让人放心，让人踏实，让人有安全感。

人要为有人可信任而高兴，也要为被人信任而自豪。信任和被信任都少不了，都是人生宝贵的财富，宁要信任的批评，不要虚伪的表扬。宁要信任的平凡生活，不要虚荣的高官厚禄。

50　领导和干部

领导有一定权力和职位，领导着一定数量的干部。干部是在领导的领导下工作，他是干部但还不是领导，有的干部以后是领导。领导是从干部中间来，干部也可能当领导。

中层领导有双重身份，在部门是领导，但在全局之中又是干部。一般的领导既要会当领导又要会当干部，要学会转换身份、转换姿态、转换角色。

作为领导，要出思路，要出思想，要考虑全局，应该成为单位的小小思想家，同时又要严格要求，扎实工作，起模范作用，成为单位大家学习的榜样。

作为干部，要维护团结，顾全大局，真抓实干，形成团结共事、团结干事的氛围。相互补台出领导，相互拆台只出干部。

领导要讲究方法。当一个团队的老板，靠权力；当一个团队的领导，靠实力。领导几个人时，我们要站在前面带头干；领导上百人时，我们要站在中间形成核心；领导上千人时，我们要站在后面观察和督促。

51　秤杆子的启示

远和近是相对的。什么时候远，什么时候近，要根据情形而定。

从感情上讲是越近越好。常常在一起生活，一起工作，日久生情，感情相对而言会深一些。但不一定绝对，夫妻之间就有小别胜新婚的说法。夫妻分开一段时间，也会加深感情。人在一起可以生感情，但天天在一起会削减你的魅力，会减少你的神秘，甚至降低你的威严。一个本来受人敬仰的人，一个人们求之不得想见的人，你的每一句话都可能一言九鼎，都可能会得到落实。但如果天天混在一起，时间久了，他也会批评你，评论你，有时甚至可能放粗话，和原来的尊重会形成很大的反差。权威也会随着距离的拉近而递减。

这就是秤杆子理论：秤砣离所称的东西越近，它的力量就越小；秤砣离所称的东西越远，它就越能四两拨千斤。所以当领导的人，呵护自己尊严的人，应该在生活中力戒庸俗，力戒同流合污。否则，能压千斤的秤砣，此时会显得力量全无。一个受人尊重的人，就会变成授人以柄的人；一个令人仰慕的人，就会变成别人鄙视的人；一个说话算数的人，就会成为被人打折的人。

当领导感情上要拉近群众，管理上要保持距离，生活上要讲究档次。交往要选对象，讲场合，讲尊严，防庸俗。

52 生活中语言也有艺术

讲话有艺术，报告有艺术，生活中讲话也有艺术。

正月初几，陪一位领导在宾馆吃饭，吃完饭来到电梯口，迎宾小姐热情地问："您上还是下？"领导说："我上。"上到了顶层，还有人问："您上还是下？"领导还是说："我上。"服务员说："上面没有楼层了！"领导说："没有楼层，我也不下。好不容易搞到现在这样，你说我下我就下？"过年图吉利，服务员问的话就不艺术，完全可以问："领导是要上几楼？"

领导干部培训结束时照合影，前排摆了一排座位，后面的都站着。第一排没有坐满，工作人员就喊："后面的同志下来两个。"喊了几遍没有一个人吭声，都不动。最后有人说了："请两位领导同志到前排就座。"一下子就有人来了。

生活的话更需要贴近生活，更需要有生活的气息，更需要遵循生活的规律，尊重群众的风俗和地方的文化。生活很平常，但需要用心去过；语言很简单，但要用心去说。生活越贴近实际越丰富，语言越贴近生活越艺术。

53　自己与别人

人与人之间，难免有误会的时候，有矛盾的时候，有被中伤的时候。如何处理呢？最好的办法是沟通，沟通不成就妥协，妥协不成就原谅和包容。原谅别人就是善待自己，没有不能爱的人，没有不能相信的人，也没有不能原谅和包容的人。

仇恨永远不能用仇恨来止息，血迹永远不能用血来洗净。慈爱是止息仇恨的最佳方式，以慈爱感化怨恨，以善良感化邪恶。

不为别人着想，永远得不到你想要的东西，处处只考虑自我的人，将会给自己带来忧愁。多看自己的缺点，才能改正自己的错误；多看别人的优点，才能学到别人的功德。

自己是自己的保护伞，自己是自己的依靠。把自己看得太高，就不能长进；把自己看得太低，就不能振奋精神。聪明的人不为一时的成功与失败、一时的得与失而动摇，坚定不移地走自己的路，离目标就会越来越近。

54　多随喜少嫉妒

自己有了好事，得到好处，取得成绩，肯定会高兴，甚至大喜。看到别人有好事，得到好处，跟着别人高兴，是随喜。第一种情况是绝对的，第二种情况可能就是两种态度了，一种是随喜，另一种可能就是嫉妒。

随喜也好，嫉妒也罢，都是一种心理活动。看似简单，实际上是复杂的。看到别人高兴，跟着高兴，这是最高境界，它让人愉悦，也让自己快乐，受益的是大家。看到别人得到好处，还能心平气和，平常心对待，是一种不错的境界，至少不会伤害自己，也不会伤害别人。看到别人得到好处，就不高兴，顿生嫉妒，这是最低境界，不仅使自己心灵受到伤害，还会殃及别人。

少生嫉妒，我们就会远离痛苦，分享别人的快乐，就会天天快乐，因为天天都有人成功或得到好处。只要快乐，我们就会远离嫉妒的折磨，心灵就会轻松得多，人际环境也会好得多。良好环境是人造的，人也会在环境中受益受惠。

55 谈利益

天天工作在一起的同事也好，天天玩在一起的朋友也好，聚在一起都不是无缘无故的。世界上没有无缘无故的亲，也没有无缘无故的情，没有无缘无故的好，也没有无缘无故的恶。

夫妻之所以成为夫妻，是因为有爱；父子能和睦相处，是因为有亲；朋友之所以聚到一起，是因为有信；同事能共事，是因为有义。没有这些中间因素，上述的关系就不会存在。

人与人之间还有一种关系就是利益关系。利益有吸引力，可以让人不择手段。利益有驱动力，可以让人为财而死。利益有腐蚀力，它可以让人利欲熏心。利益有征服力，可以让人卑躬屈膝。利益有反叛力，可以让人忘恩负义。唯利是图者有之，互相利用者有之，不择手段者也有之，见利忘义者也有之。

所以，人的一切奋斗都是同自己的利益相关的，思想一旦离开利益就使人出丑，不顾利益，不是唯物主义者。要重视利益，但不要做利益的奴隶，不要做利益的俘虏。要讲利益，但不要利益至上。要为利益，但不要唯利益是图。要争利益，但不要不择手段。要互助互利，但不要相互利用。

56 争取好口碑的三条规律

金杯银杯，不如群众的好口碑。一个人的口碑出自群众的嘴里，一个人的形象源自公众的心里，争取好的口碑有三条不绝对的规律。

一是人挪活，树挪死。一个人在一个地方，特别是领导在一个地方工作的时间不要太长。人都是求新求变的。再美的东西，看久了都会有审美疲劳；再好的领导，在一个地方时间长了都会让人生厌。因为一个人不是常青树，一个人也不可能是完人，一个人工作的招数也会穷尽，任何改革创新，时间久了也会变旧。加之，所有的改革都会有矛盾，有些矛盾是可以解决的，有些矛盾是无法解决的，或者说是无法让大家都满意的，时间长了，积怨就多了，说好话的也就少了，所以领导要交流。

二是人的欲望无止境，满足欲望要适度。人的奋斗是和利益连在一起的。人都是要得实惠的。一个领导在一个地方总要做几件惠民的好事，做几件让人持久传颂的好事。我们给人的实惠越多，别人的好话就越多，好话多了，口碑就好了。但是不要忘记，人是很难满足的。今天给了实惠、得了好处，明天会有更高的要求，我们未必都能解决。时间长了，就会忘掉前面的好处，连同原来的实惠都忘记掉，说你没干实事，没给实惠。

三是有癞子嫌癞子，没癞子想癞子。一个领导在一个地方久了，会说你的不好。你离开这里后，反而还会有人怀念你，甚至歌颂你。因为同样的道理，后来的领导也是人，他也逃不过这样的怪圈：即人的欲望不能全部满足，任何工作都不能让每一个人满意，日积月累，不满足、不满意越来越多，导致公众舆论的移情别恋。所以，从期待到赞扬再到不满，是一个循环。对现任的不满意会导致对前任的思念。这时候，好的口碑又会回升。

57 没有规矩不成方圆

人需要自由，社会需要秩序，似乎很有矛盾，其实不会。社会的秩序会给人更多的自由，人人遵守社会秩序就会使社会更有秩序，社会越有秩序，人越能自由自在地生活。所以人越要自由，就越要遵守秩序。人的自由源于每一个人对秩序的遵守。

社会要有秩序，人就必须守规矩。法律、规章、公德就是规范社会秩序的规矩。每个人都是社会的成员，都必须遵守法律的边界、道德的底线，对社会秩序作出贡献。人的自由不是无限的，而是在法律、规章和公德之内的自由。违反法律的自由会受到法律的严惩，违反规章的自由会受到纪律的处分，违反公德的自由会受到道德的谴责。

每个人都按规矩行事，政治上做明白人，经济上做清白人，生活上做正派人，工作上做带头人，感情上做贴心人，社会就有秩序，个人就有自由。

58　超脱是一种领导力

最近和几位一把手一起谈心，一位一把手说："我的副手对我不尊敬，每次我分管的部门提出的问题，他们总是说三道四，"他还说，"我在单位的权威性很高，但也很忙，离开一天，家里总是电话请示或是要我回去，有急事要处理。"

另一位一把手说："我在单位不具体分管某一部门，当讨论问题时，有时两种意见争得很激烈，关键时刻都提出要我裁决，大家都很尊重我。"

上述情况的出现，实际上是一个工作方法问题，也是领导的风格所决定的。一把手和副手的区别就是一把手可以在副手之间协调而不是和副手争权力。

当一把手的人，不要当运动员，不要成为矛盾的一方。如果是这样，一把手和副手就没有了区别。别人提出的问题要求你发表意见，你提出的问题别人也应该发表意见，一把手就成为当事人，最后只能是平等交流。如果一把手不分管具体的部门，而是主持全面的工作，就会很超脱，就会站在矛盾之上，而不是置身矛盾之中。就不会当运动员，而是裁判员。

站在矛盾之上处理矛盾，矛盾变得很小很简单，置身矛盾之中处理矛盾，矛盾变得很复杂。站在矛盾之上处理矛盾是高招，置身矛盾之中处理矛盾是下策。

相信下属，让他们去做事。“当你身边的人忙得发疯或歇斯底里时你仍然能沉着、正常地工作。”这是一种超脱，也是一种境界，还是一种领导力。问题止于我，这才是一把手的领导之道。

59 团队优化不能忽视人的特点

科学研究发现，人从智能分析一般可分为三类：即善于观察、想象、推理，善于发现问题，提出问题的“探索型”；善于根据任务和要求，率领和组织人力去加以实现的“组织型”；善于理解上级意图及当前需要，踏踏实实去完成任务的“再现型”。

没有“探索型”的人，我们的工作就会因循守旧，裹足不前，难以开拓新领域、新境界。只有“探索型”的人，没有“组织型”和“再现型”的人，再好的原理只能停留在纸上，无法去落实，无法实现。

从心理学的角度分析，人的气质一般可分为热情好动的“多血质”；易怒、动作激烈的“胆汁质”；沉静缓慢的“黏液质”；过于敏感，易于郁闷的“抑郁质”。

“多血质”的人开朗活泼、形象好，适合对外接待、搞外交；“胆汁质”的人勇敢勇猛、胆量大，适合打前站、做先锋；“黏液质”沉着稳重、善谋划，适宜当主帅、做将领；“抑郁质”细心细致、会算账，适合搞内务、做内勤。

一个团队由数个成员组成，每一个人都应该有自己的特色，自己的长处。如果都是一个模子造出来的标准人，组成起来的团队就难以分工协作，形成合力。团队配备一定要整体优化，合理搭配，做到知识互补、能力叠加，性格互容，以求产生协调效应。

60 从父母那里得到了什么

父母亲给了我们生命，没有他们就没有我们，当然没有我们也就没有下一代。人类就是这样繁衍生息的。

我和很多人不一样的是，我有生父生母和养父养母。生父生母给了我生命，我只有三岁就离开他们到了养父养母家，他们还给了我什么，我记不清楚了。我想应该还有爱，听说把我给到养父养母家，是因为我和生父轮番生病，同时家里又艰苦，怕我治不好，才把我送到养父养母家的。这本身就是一种爱。

养父养母虽然没有给我生命，但他们让我生存了。在困难时期，我没有饿过肚子，因为他们不吃也要让我吃饱。我还在他们那里，特别是养母那里受到了教育，她是一个一字不识的小脚女人，但她很有传统文化的涵养，在她的言谈中，我无形中受到了很多传统文化的熏陶。我现在的言行举止很多也是受她影响的。

儿不嫌母丑，狗不嫌家贫。无论父母给了我什么，他们都是父母，父母对儿女是最无私的。相信他们能给我们的，绝不会保留，没有给我们，绝不是他们不愿意，而是他们没有。

61　从老师那里学到了什么

老师像蜡烛，燃烧自己，照亮别人，这是他的品质。老师学而不厌，诲人不倦，这也是他的品质。老师没教好学生，不是好老师，学生碰不到好老师，也学不了什么东西，成为不了好学生。

小学时碰到过一位老师，叫许楚兴，他不爱说话，上完课之后，就在房间里练毛笔字，一张纸正面写、反面写，写了还要重复写，先用铅笔写、然后再用毛笔加重之后再练，在他那里我懂得了做学问做人都不要浮躁，板凳坐得十年冷，持之以恒，水滴石穿的道理。

上大学我碰到了一位老师叫易仲良，他给我们上课教的是英语语法，并且在全国英语界还有很大的影响，在全国顶级刊物发表的文章是一篇接一篇。从他那里我学到了做任何事情都要掌握规律，掌握了规律就会事半功倍。例如他把英语的语法结构编成很多带规律性的顺口溜，让学生记得住、掌握得了。我就是从他的这些顺口溜中，掌握了基本语法，掌握了学习规律。

老师的头脑分成两种：一种是知识的宝库，脑子里装满了知识，但仍然不能转化成知识；另一种是知识的加工厂，学到知识立马转化为能力，将知识教授给学生。最好的老师是有知识有品德还能传授给学生。一般的老师是有知识还有品质，传授知识很一般。较差的老师是有知识品德，传播不了知识。最差的老师是既没有知识也没有品德，也不能传播知识。

一日为师，终身为师，老师就是老师。一字之师也是老师，一理之师也是老师。只有知识清零，才会虚心学习；只有虚心学习，才会学有所得；只有学有所得，才会学有所悟。

62 谁投了票

班子换届，有一个领导职数空缺，领导关心下属，见人便说："你应该有希望，我会支持你。"听者信心满满，认为得到了领导的支持，一定能成，其实领导对其他人也是讲同样的话。正式投票开始，一个人只能推荐一个人，推荐结束后，很多人都失望了，没有感觉到领导的支持，因为领导也无法支持，他也只能投一票。领导打招呼时是一种博爱，最后投票时是一种独爱，说话者是一种博爱，听话者当成一种独爱。博爱与独爱之间的矛盾造成了落差。

单位要民主推荐一个干部，很多人互相打招呼，发信息。很多人给打招呼的人说："我一定支持你，推荐你。"甚至还有人主动打电话说："要支持你。"有人根据自己统计的情况估计，自己完全可以达到推荐占优的票数。但是最后的统计结果比自己统计的票数少了90%，落差很大，甚至想不通。相互打招呼，答应的是假爱，最后推荐的是真爱，当事人感受的是假爱，最后真实的得票是真爱，真爱与假爱之间形成了落差。

推荐干部时，两个人坐在一起，甲对邻座乙说"我投了你一票"。其目的是想要对方也投自己一票。没想到乙理解为："你投了我一票，我自己必须投自己一票，否则公布出来我只有一票，这样就会很难看。因为别人会认为是我自己投了一票。"甲投了邻座乙一票，没有得到邻座乙的回报。自己的想法是为自己，对方的理解也是为自己，因为自己与别人的想法有矛盾，造成了落差。

一次干部推荐，一位资深领导只得了一票。但是很多人都对这位领导说："这些人真不像话，连你的票都不投，我就坚持投了您一票。"说同样的话的人多了，听话的资深领导也烦了，最后说了一句真话："这一票是我自己投的，你们谁也没有投。"这样才使那些人没有继续讨好。一票是真的，别人说投了票是假的。领导自己投的这一票是真的，真的和假的之间造成了落差。

63　谈婚姻

在茫茫人海中，你选择了和他（她）在一起，这是一种缘分。

婚后的日子才是两人生活的重点，也许很甜蜜，也许很苦涩，也许很幸福，也许很艰难。不管是什么情况都是两人的结果，也必须靠两人才能走下去。

完美的婚姻，是两个人的幸福，也是两个人共同呵护的结果。要懂得一个道理：婚姻要呵护，婚姻要培养，婚姻要同心，婚姻不是管出来的，也不是逼出来的。没有回家的路，出去的路就会延伸脚下；没有家庭的温暖，外面的爱就乘虚而来；无缝的婚姻对病毒自然会有免疫力。

幸福的婚姻，也要保养。换一个人可能一段时间会有新鲜感，时间久了就好像换汤不换药。我们追求清洁的婚姻，但不是说婚姻一有污染就丢弃不要，也要学会共同清洗。也许经过磨难的婚姻更能抵御风险。

婚姻是一种形式，以结合为表现。婚姻是一种结果，以美满为表现。婚姻是一种艺术，以多彩为表现。

64　夫妻要携手闯关

夫妻的结合不是一蹴而就的，夫妻生活也不是一帆风顺的。

夫妻从接触到结合有一个过程。结婚后会有一段蜜月期，但紧随蜜月期之后的是矛盾期。刚刚结婚是家务的矛盾，紧接着是谁当家的矛盾，再接着是亲情的矛盾。这些矛盾调整好，磨合好之后矛盾开始转移到下一代：小孩生下来之后由谁带的矛盾，小孩上学谁接送的矛盾，小孩教育方法差异的矛盾，小孩培养目标和方向的矛盾。这些矛盾之后，矛盾焦点又会回到夫妻之间，更年期滋生出来的猜疑，老年的照顾，欢度晚年的方式和地点，等等，这十大矛盾为夫妻设下了一道道关卡。冲过去了就白头偕老，冲不过去就分道扬镳。

关卡是客观的事实，人的品德、意志才是主观因素，善意闯关，用心闯关，建设性闯关，关就在我们的脚下变通途。夫妻闯关需要夫妻的合力，只要夫妻携手应对，齐心协力，就没有过不去的坎。

夫妻能否共同闯关，关键是夫妻之间有没有默契：两人之间的默契来自两个人相互的理解、支持、包容和谅解。如果彼此之间像对仇人一样的苛刻，像对外人一样的较真，那样的夫妻将不是夫妻。

65　家需要呵护

“家”是温馨而甜蜜的字眼。想到家，就有一种归属的感觉；想到家，就有一种幸福的甜蜜感觉；想到家，就会有一种放松自如的感觉；想到家，就会有一种安全的感觉。

因为家里有天伦之乐，你可以毫无顾忌地回归天性；因为家是幸福的港湾，你可以冲破时空的界限去聆听儿时的歌声，也可以倒转时钟去寻找岁月的足迹。因为家是自己的，你可以撒娇，也可以打鼾，可以观鱼赏花、调节情绪。

家需要用情呵护。家是家庭成员的，每一个人都要为家付出自己的感情。每个人献出一份真情，这个家就会情意浓浓。在家里面，人与人之间是亲情，亲情就不要去讲价钱，连接亲与情的是血脉，血要比水浓。

家需要用心呵护。在家人之间，心与心之间没有隔膜，掏出来交流，就会心心相通，贴心交流，就会心心相印。用心呵护出来的亲情，必然得到心的感应，得到心的回报。

家需要用爱呵护。夫妻是因爱而结合，儿女是因爱而结晶，家是因爱而结缘。没有爱就没有家，有了家就必须要有爱，爱心相拥，家才会充满爱。

家需要用理解呵护。家庭不是讲理的地方，是讲伦的地方。树老根多，人老话多，这是老人的特点，要尊重，要理解。中年人容易生疑，这是更年期的特点，需要理解。年青人容易叛逆，这是青春期的特点，需要理解。所以，理解万岁。

家有快乐也会有烦恼，学会分享，学会随喜。一个快乐大家分享可以变成多个快乐，一个烦恼两个人分担，一个人只有半个烦恼。

66 女人美不美

什么是美，漂亮是美，成熟是美，内涵是美，品德是美，贤惠也是美。

小女孩，十八、二十岁，由于刚涉足社会，没有经历，没有内涵，这时只能是姿色为美、漂亮为美，姿色是她最大的优势。衡量她美不美，漂不漂亮，往往是以姿色作为标准。

人到三四十岁，姿色比不过少女了，但是她的人生实践培养了良好的品德，素质有了提高，这就成为她的优势，所以，这时衡量一个人美不美不能以姿色作为唯一标准了，反而品德、素质成为美不美的衡量标准。

四十岁以后的女人，有了经历，有了知识，有了职业，有了自己的事业。这时候，有没有知识，有没有气质，有没有事业心，就成为衡量女人美不美的标准。

到了五六十岁，这时的女人不仅有了孩子，还有了孙子，一个人贤不贤惠，能不能关心人，会不会照顾人，能不能体谅人，就成为这时女人特质的反映，当然也就成为公众评价女人美不美的标准了。

女人美不美，没有固定的标准，因人而异，因时而“宜”。姿色美不是永恒的资本，从外表美向内涵美，从漂亮为美到素质、品德、气质为美的转变，将是衡量女人美不美的动态标准，也是规律。女人追求美，也应该按照这个规律，调整自己，转变自己，只有这样才能保持资深美、恒常美。

67　嬉谈知名专家

什么是专家？有人嬉说：“别人知道的东西他不

知道，他知道的东西别人不知道，这就是专家。”还有人说：“专家就是一辈子只干一件事的家伙。”虽然是嬉说，但也并不是没有一些道理。专家就是专家，有专攻的研究方向，有稳定的研究领域，有独到的研究成果。见子打子不是专家，只能是杂家，什么都懂，什么又都不精，不是专家，只是学者。

怎样才能成为知名专家？一是有稳定的研究方向，并持之以恒，在一个领域取得有影响的成果。我们常问，你是研究什么的？回答的只是大学科。如果再问，在这个学科里面研究什么的？这时回答的是研究方向。如果再问，在这个方向里是研究什么的？这时回答的才是自己的研究领域。如果一个读书人，只能回答第一个问题，他只能是一个学者；如果能回答第二个问题，这个人可能是一个教授；如果还能回答第三个问题，他可能是一个专家；如果他在这个领域的研究有独到的见解，有很有影响的成果，他可能是知名专家。二是身体要好，寿命要长。人的知名，一要靠自己过硬的成果，二要靠社会和同行的认可。知识分子有一个致命的特点就是文人相轻。同辈之间、同行之间谁也不买谁的账，所以相互之间的认可度很低。如果你寿命长，成为同行之间的长辈长者，这时候大家都为了同辈之间的竞争，找长一辈的人来认同、认可，找你作序，找你写评语，找你推荐等。找的人多了，同行的认可度就高，社会的影响也就大了，久而久之，知名度就高了。

当然仅寿命长这一点还不够，前提是要有稳定的方向、突出的成果。如果没有研究成果，不能让人家信服，你的寿命再长，别人也不会来找你，即使有人找，也不是信服，没有信服，就没有认可度。

68 “炒地皮”也要讲伦理

有一种游戏叫炒地皮。利用出差时间在高铁上偶尔玩了几盘。在娱乐之中，我悟出了一个道理：娱乐也要讲规矩，也要讲伦理。否则会“天下大乱”。

我们的传统文化中有一个“五伦”。“五伦”讲的就是伦理。五伦中有一伦叫长幼有序。这里的“长”包括了长辈和长者。长辈在，长辈为大，长辈优先，长辈受尊重；长辈不在，长者为大，长者优先，这是一个基本伦理规则，规范长幼之间的伦理行为。

炒地皮也认这个理。所谓炒地皮就是每人发同样数量的牌，剩下的为底牌，底牌归庄家所有。庄家换了底牌之后，别人有条件就可以换底牌。这叫炒地皮。同级别炒底，必须以约定顺序为先后。如果约定为黑红梅方，也就是说方块最小，炒了之后，梅花还可以炒，梅花炒了之后，红桃还可以炒，一旦黑桃炒了，红桃、梅花和方块就不能炒了，只能由高一级别的“王”来炒。

在主牌的排列中也是这样，每一盘牌都是按上述规则确定一门花为主牌。主花比其他花色牌高了一级别。可以和其他任何花色的牌搭配级别做对。如果这一盘牌没有确定哪一门花色是主牌，而是确立基本主为主牌，就只能按照黑红梅方为顺序，确立级别连对。

游戏也是一种文化，文化伴随游戏注入人心，教育了人的心灵，也规范了人的行为。

69 给儿子的几句话

为别人做了一件好事，你不要记得。谁为我做了一件好事，要永远感恩，心存感激。用感恩的心同人去交往，同人去相处，我们的心态才阳光，我们的朋友才真诚，我们的前景才会美好。

交很多朋友并不难，难的是交真心朋友。不看别人如何待我，就看自己如何待人。我们所做的一切不要希望都有回报，忘恩负义的人并不少，人中间总有一些只顾自己的自私者。当我们遇到困难的时候，首先想到的应该是曾经帮助过你的人，而不是你曾经帮助过的人。

冬天再长，已经离春天不远了，媳妇难当总有一天是会当婆婆的。年轻人工作负担重，思想包袱大，心理压力大，这是每个人都要经历的。有的人轻松度过了，有的人则是一种煎熬，问题是我们用什么心态去对待：一种是“我永远比别人幸运，因为好多人现在都不如我”；一种是：“我永远都比别人差，比我有知识的，比我有能力的到处都是。”

先化已，后化人。到了一个地方，不要去当救世主，先把自己溶化到别人中去，再去感化别人，改造别人。因为三人行必有我师，学无止境。要善于发现别人的优点，要不就会失去赞美别人的机会。

成功者都是自己奋斗的结果，艰苦的环境可以磨砺我们的斗志，环境太好容易使人产生依赖心理，躺在舒适的环境中坐享其成。路总是自己走的，别人最多只能使我们道路平坦些。人的一生就在填写自己的履历表，我们要扎实迈好人生的每一步，保证一生的纯洁。

金钱只能产生诱惑，精神才能影响人生。人总是要有点精神的，精神懈怠了，我们将一事无成，振作精神，虎死不倒威，人才会勇往直前。

职称再高，水平再高，讲出来的话都会有人质疑，这很正常，因为真理是相对的。领导的讲话，不一定正确，也会有人相信，并且贯彻落实，这也不奇怪，因为权力是绝对的。所以说权力是双刃剑，既要尊重权力，又要敬畏权力。

人生有多个选择，有些选择影响人的一生，要把握好。精准的选择帮助我们成长、成才和发展；盲目的选择，没有把握的选择，轻则使人走很多弯路，重则将会毁掉自己的一生。三思而后行，不做没有把握的事。

机遇只偏爱有准备的头脑，只属于善于把握机遇的人。因为机遇像小偷，来的时候无影无踪，走的时候使你损失惨重。机会稍纵即逝，不再复得，要珍惜每一次机会，把握每一个机遇。

知识是能力的前提，素质是把知识转化为能力的因素，三者缺一不可。有很多人读书不多却成功了，这是事实。但没有知识、素质和能力的人是绝对不会成功的，因为你没有武器，赤手空拳是没有战斗力的。

有人的境况看上去很令人羡慕，有人的处境让人同情，其实所有这一切都是因人而异的。适合别人的人不一定适合我，羡慕的东西不一定是可以模仿的。模仿别人是初级水平，走自己的路是中级水平，走好自己的路让别人来模仿才是高级水平。

人生图什么？金钱？不是，家有万两黄金，一天也只能吃三顿。权力？也不是，官职大小，最终都要回到同样的原点。生活上有归属感，社会上有荣誉感，感觉上有幸福感，就足够了，一切都是一种感觉——一种心灵的感觉！

70　送礼：用金不如用心

中国是礼仪之邦，讲究礼尚往来，喜欢送礼。送礼也是一门艺术。送得好，送者欢心，受者安心。送得不好，轻则是花钱不讨好，由于礼品不对路，受礼者不高兴，送礼者的目的达不到。重则是一种浪费，送礼者浪费金钱，受礼者浪费感情。

送礼有几种误区。一是把自己的喜好当成别人的喜爱。不管对象是谁，把自己认为是最好的东西当礼品送给别人。殊不知不同的人爱好不同，你喜欢的东西别人不一定喜欢。二是只选贵的，不选对的，总认为花钱越多，越有价值，别人也就越喜欢。殊不知你认为贵的有价值，别人不一定这样认为。三是用时尚衡量价值，认为最时髦的就是最需要的、最好的，殊不知时尚的东西你送他也送，收礼者收多了就不觉得时髦了。说其是误区，主要是送礼时花了钱、用了情，但没有用心。所谓用心，就是要用心去了解对方的心情和心态，然后知己知彼，投其所好，这样才能把礼送到心坎上。有一个故事，讲的就是这个道理：

一个老头有两个女儿。大女儿是千万富翁，但很粗心，不知道父亲的爱好。小女儿家里很穷，但是很细心，了解父亲的爱好。一天，老头到大女儿家做客，大女儿安排父亲住五星级宾馆，吃得好、住得好、服务也很好，但就是忘记了让父亲喝酒。结果，老头回家后逢人就说大女儿没良心，虽然是千万富翁，却连酒都不让父亲喝一口。接着老头又到小女儿家做客。小女儿知道父亲喜欢喝酒，好这一口，就炒了两个下酒菜，从邻居家借了一瓶酒，老头十分高兴。结果老头回家后逢人就夸小女儿有孝心，那么穷还让父亲喝酒。

RENSHi PIAN 人事篇

71 人与世界

世界很大，要改造世界不容易。个人很小，要改造世界更不容易。拥有世界的一部分容易，要拥有整个世界不容易。

自己的力量太小，做不了世界的主人。要影响世界，要从影响身边的人开始，先做好自己，形成良好的公众形象，再去影响别人。要改造世界，就从改造自己开始，把自己做好，可以影响一个家庭，在家人的支持和帮助之下，也许会为社会做很多有益的事，也许会改造世界。要撬动世界，支点不是世界，也不是民族，也不是国家，也许就是自己的心灵。

世界是由两个一半构成的：一半是天，一半是地；一半是男，一半是女；一半是善，一半是恶；一半是很如意，一半是不称心。人在世界上不可能碰到的都是称心如意的事。如果只能和称心交好，排斥不如意，我们就只能拥有半个世界。只有那些能够包容不完美的人、能够包容缺点的人，才能拥有整个世界。

72 思想能够延长生命

人的生命是有限的。能延长人的生命的只有两个东西，一个是健康，一个是思想。健康可以延长生理生命，思想可以使人流芳百世。

有的人活着，但没有了思想，就像一具活着的僵尸；有的人虽然死了，但他还在影响社会，影响人类，就像一个没有躯体的活人。人不能没有思想，没有思想就等同于行尸走肉。思想才能让人有生命，思想才能让人有灵气，思想才能让人区别于一般动物。

思想不是天上掉下来的，也不是与生俱来的。思想在认识中提高，在实践中提升，在思考中完善。要有思想必须敢思考、善思考，在思考中形成思想。

思想不是固定的，必须与时俱进，只有时代淘汰思想，没有思想淘汰时代。思想必须随着时代的脉搏跳动而跳动。

人的思想分三类：第一类人发现时代要变了，引导时代去变；第二类人发现时代要变了，跟着时代去变；第三类人发现时代已经变了，还在指责时代为什么要变。

思想要讲究思维方法，必须用积极的态度、用先进的思想去思考。要立足现实、立足实践去思考，否则思想只会是梦想，甚至是胡思乱想。

73 既要做老板也要做领袖

一个人要成为老板，相对来说容易得多，只要你有了地位、有了权力，就可以实现你的老板梦，而地位和权力是通过自己的努力可以实现的。相反要当一个团队的领袖就难得多，因为领袖梦主要是通过一个人的品德、知识涵养和魅力来实现。只有将自己的品德、知识，内化为素质，形成人的涵养才能产生魅力。

同样地位的人，有同样的权力，应该也有同样的权威。奉行一朝权在手，便把令来行，用权力构筑权威，而忽视自身的修养，权威就会打折扣，效应就会递减。相反，在有权力的前提下，注重自身形象、内涵和魅力塑造，权威就会加分，效应就会递增。

老板有下属，领袖有追随者。老板用权力，领袖用影响力。老板追求地位，领袖追求成果。老板用权令自己伟大，领袖授权让众人伟大，自己更伟大。

权力是外在的，修养是内在的。外在的东西靠的是争取，内在的东西靠的是涵养。能不能当老板，靠的是争取；能不能当领袖，靠的是内炼。一个人只有把权力和魅力相结合，把外在与内在相统一，才能既当老板又当领袖。

74 管+理=管理

管理是由管和理组成的。管主要是以计划、组织、制度的形式出现，告诉人该做什么，不该做什么。理主要是沟通，激励，疏导，引导人、鼓励人该做什么，不该做什么。

在管理中重视“管”忽视“理”，或者只有“管”没有“理”，不叫管理。相反只重视“理”忽视“管”，或者只有“理”没有“管”，同样是不完整的、无效的管理，也不叫管理。

管理分为刚性管理和柔性管理。传统管理以刚性管理为主，现代管理引入柔性管理，但最有效的管理和先进的管理应该是刚柔相济的管理，该刚则刚，该柔则柔，刚柔结合。该刚不刚，管理没有力度；该柔不柔，管理没有韧度。

一个人有权力，说一不二，镇得住是领导力；把姿态放低一些，对人谦和一些，形成亲和力也是领导力。画地为牢，限制行为是管理；引导思想、净化灵魂，理顺情绪，激发斗志也是管理，甚至是更高层次的管理。

管理一个单位，你单位上的人不敢去做坏事，因为他怕你发现，这是人治；你单位上的人不能去做坏事，因为没有机会做坏事，这是法治；你单位的人不愿去做坏事，因为他不想去做坏事，这是德治、心治。从某种意义上来说，德治和心治是最高境界的管理。

75 在岗与离岗

走过路留下脚印，人生之后留下什么？

在位时，你的思想有人贯彻，要求有人落实，功绩有人歌颂。离岗后，可能你的题词就会下掉，照片就会摘掉，思路就会停掉。这时候，讲到成绩就是别人的，讲到问题就是你的。

在位时，走路有人跟，电话响不停，家里常有人登门。离岗后，可能曾经的朋友成了熟人，曾经围绕你转的人，现在总说忙不赢。在位时，走到哪里都是尊敬的领导，离岗后成了普通的玩友，有时候嫌你技术不如人，不愿意和你玩。

上台要想到下台时，在位时要想到下位时。做官一张纸，做人一辈子；金钱一张纸，健康一辈子；夫妻一张纸，感情一辈子。做好官先要做好人，有财富先要有健康，夫妻长久先要有感情。无论在岗或离岗，做好了人，你会一辈子受人尊敬；保持身体健康，你会一辈子都很快乐；拥有甜蜜生活，你会一辈子都很幸福。

76 领导的“不错”

2012年8月24日，我向省委常委会汇报省委党校的工作情况。省委书记周强同志在会上说，前不久召开省部级主要负责人会议上，他和中央党校的常务副校长李景田同志分在一个组，景田同志对周强书记说：“晨光同志不错，湖南省委党校不错。”听到周强书记说到两个“不错”，我很激动，也很有成就感。

周强书记能在常委会上讲这两个“不错”，我知道是领导的鞭策和鼓励，这是领导的工作艺术，用这样的方法激励和鼓励我好好工作。

作为领导，有很多的不错。首先是要形象不错，因为形象是领导在公众中的综合反映。其次是要品德不错，德为人范，因为只有具备良好的品德，才能有良好的形象。再次是要干得不错，喊破嗓子不如做出样子，行动是最好的命令。再就是要敢于说“不错”，领导能对下属说“不错”，实际上是领导素质和领导艺术的体现。不会鼓励和激励下属的领导只能当老板，不能当领袖，也无法赢得别人的尊重。

领导的“不错”不是先天生成的，需要自身的修炼；领导的“不错”，不是虚情假意的恭维，需要发自内心的心灵感应；领导的“不错”，不是作秀装出来的，需要内化于心、外化为行。领导真能做到形象不错、品德不错、干得不错，还能敢于向下属说“不错”，这样的领导一定会不错。

77　当官要有当官的准备

光宗耀祖，是我们的传统文化，要求进步是每一个人的追求。要比别人强是一种竞争的精神。想当官，当大官，当一把手，是一种官场心态，不想当将军的士兵不是好士兵，这也无可非议。

想当官，要有当官的准备。例如说，当了官就比普通人多了一些规矩，多了一些要求，少了一些自由。一般人可去的地方，当官的人不能去；一般人可以说的话，当官的不能说；一般人可以做的事，当官的不能做。不当官，关心你的人多；当了官，关注你的人多；当了一把手，关注你的人就更多。成为公众人物后，公众形象更重要。自己的社会公德、职业道德、家庭美德、个人品德都是人家的关注点、议论点。到了一定的地位，自己的言行举止，代表的不是自己，而是单位，是国家，所以人不再是自己的人，而是单位的人，国家的人。

和副手比较，一把手责任更大。副手可以替某单位和个人的利益说话争取，而一把手就只能秉公办事，最终事没办成，人们会说是一把手不同意。副手可以向某某许愿：你的提拔我一定替你说话争取。最后没成功，人们又说是一把手不给力。一把手和副手比，烦恼多一些，遇到的矛盾也会多一些。副手有牢骚，可以找一把手发脾气，宣泄一番，轻松很多。而一把手的烦恼向谁去说呢？向群众说，影响形象；向下级说，影响士气；向同事说，影响团结；向老婆说，影响感情；向领导说，影响评价。只能自己跟自己说，打掉牙往肚里吞，这就是一把手的苦衷。

不能只有当官的想法，还要有当官的准备；不能只有当官的能力，还要有当官的气度；不能只有当官的目光，还要有当官的胸襟。

想当官，当大官，当一把手，必须先有这样的准备，不要只想到它的光环，它的权力，更要想到它的烦恼，它的责任。能承受就努力吧，承受不了就别追求，到手了再放弃，上去了再下来，打击会更大。

78 能力与平台

一个人能力的体现和众人的认可，需要有两个东西：

一是货真价实的能力。没有能力，想虚晃一枪，让人认可你的能力是不可能的，或者说是不持久的，因为假把式只能表现一阵子。

二是适合自己的舞台，也就是要有展示自己能力的平台和机会。没有机会，没有平台，有能力也展示不出来，发挥不出来。所以，我们每一个人都要珍惜自己的工作岗位，珍惜人们赋予我们的权力。不要总是以为我有天大的能耐，我能改造人类，我能改造社会，我能治理一个单位，治理一个行业。还要想一想，如果离开了手上的权力，离开了现有的岗位，我还能呼风唤雨吗？还能一言九鼎吗？

不要只看一个人在台上的辉煌，在台上的势不可挡，还要看一看那些曾经辉煌过，那些曾经的“铁人”、“铁嘴”、“英雄”、“偶像”，离开舞台后的无奈和失落。

记住：一个人的能力是有限的。没有众人拾柴，火焰不会高。不赋予你权力，或给你提供舞台，你将一事无成。得意不要忘形，辉煌不忘危机，成功不忘失败。

79　小心“起飞”和“降落”

飞机相对而言是比较安全的交通工具，但人们总是担心飞机失事。因为一旦飞机失事，生存的机会几乎为零。观察一下飞机失事的规律，飞机在飞行中很少出事，而在起飞和降落的时候出事最多。

人走仕途也是一样，顺境之中，仕途之上，工作之时，一般都比较平稳，很少出事。大多出事者，也都是在提拔和退休之时。在提拔的问题上，人往往都有一种“没有搞不下，只有搞不上”的感觉、“舍我其谁，怀才不遇”的心态、“组织对我不公”的情绪。带着这些东西走仕途，很多人都会急于求成，锋芒毕露。这样容易留下把柄，暴露弱点，平时大家不会太注意，在提拔的时候，要对人进行全面的考察，加之竞争对手的关注，这些把柄和弱点就成为问题，所以出事的几率就比较大。

退休的时候，人容易产生“革命了一辈子，没有功劳，也有苦劳，没有苦劳，也有疲劳”的攀功心理，会产生“机不可失、时不我待”、“有权不用、过期作废”的心理，还会产生“今天我不帮人、明天谁来帮我”，留后路的心理。再加之在位时得罪了不少人，也做过一些让人不满意的事，当时人家屈服你的职权，不敢说，退休后，忘恩负义者、抱怨不公者、落井下石者都有可能出现，所以出事的概率也比较大。

把握关键的时段，走好人生方后懂：是你的，跑不掉，今天不来，明天也会来，不必去强求。身外之物，来来去去，今天来了，明天也会走，不要去强求。平平安安就是福，快快乐乐就是福，平等自由就是福。

80 用积极的态度处理危机

人都有忧患的时候，也有碰到危机的时候。危机并不可怕，只要处理得当，还会变成机遇。

对待危机，人有不同的态度。一种是积极应对。不论危机的原因，也不谈谁的责任，当即寻找解决的办法，使危变小，使机变大，事后再总结经验教训。还有一种态度就是消极的态度：一是只摆问题，不提对策，无益危机的化解；只推责任，不挑担子，使自己净身而退；只讲理论，不看实际，做事后诸葛亮；只批别人，不思己过，把自己置身事外。这样做既耽误了处理危机的最佳时机，也影响了共同应对危机的合力，其目的无非是想展示自己的聪明。其实人都有先知和后知，没有天生的智者，吃一堑长一智。二是标榜自己的正确。其实人不可能一贯正确，人人都有犯错误的时候。三是显示自己的伟大，其实伟大不是源于自己的表白，而是一个人的魅力。魅力又来自于一个人智慧、意志和道德的力量。四是要凸显自我，其实物以类聚，人以群分，生活工作在一个群体中，很难独善其身。

危机的形成，原因是多方面的，应该共同应对。责任是大家的，应该共同承担。表现自己不是在乘人之危时，也不在落井下石中，应该在化危为机之中显本领，在敢于担当之中显品德，在出谋划策中显智慧，在危机攻关中显正确。

81　功劳是“软绩”，问题是硬伤

人一辈子总会做几件好事、有影响的事、让人称赞的事。不要拿这点事去张扬、去邀功、去自我陶醉。为什么？因为别人不会认同。你说你做得好，有人说他比你做得更好；你说你没有功劳也有苦劳，有人说事情根本不是你做的。因为权力是大家的，责任是自己的；成绩是大家的，问题是自己的；功劳是大家的，过错是自己的；成绩自己关心得多，问题别人关注得多。

人无完人，人都会做错事，做错事不要紧，改了就好，下次不再犯同样的错误就是了。就怕一不小心做了一件坏事，这样会毁掉自己。因为好事不出门，坏事传千里。好事是大家该做的，坏事是自己要做的。十件好事还不能扬名天下，一件坏事就可以毁掉前程。

中国人是问题思维者。国外的人竞争，自己失败了，赶快反思，找经验和教训，承认自己的不足。中国人失败了，不少人就会找对方的问题，以拖下别人为目的。同样在评价人的问题上，也是挑毛病的多，恨不得一棍子把人打死。在这样的环境里，我们只有多做好事、少做错事、不做坏事，才能够立得正、坐得住、行得稳。

82 人是和谐之源

古人云："修身、齐家、治国、平天下。"天下要太平，国家必须治理好，必须要太平、和谐；国家要太平，每个家庭必须太平、和谐；家庭要和谐，每个人必须有修养，达成自身和谐。所以说，个人是家庭和谐的种子，家庭是国家和谐的种子，国家是天下太平的种子。个人是社会的最小单位细胞。社会要有活力，必须激活每一个细胞。社会要健康，必须每一个人健康。社会要和谐，必须每一个人和谐。

个人修养，修什么？毛氏宗祠有两副对联，很有启发："现在之福，源于祖宗，不可不享，享之必报；将来之福，贻于子孙，不可不培，培之必昌。""学毕致尧舜禹文武周孔孟之道，乃为真学；人能修君臣父子兄弟朋友之伦，实为完人。"学会知恩图报，感谢祖宗，尊重历史；学会造福子孙，关爱晚辈，培育后人；学习传统文化，用中华民族的传统文化教化自己，规范自己，才能学到真谛，遵守传统文化伦理，用道德伦理约束自己，才能修成正果。

人与社会的关系是什么？我们是一个人，周围还有很多人；我们工作在一个单位，周围还有很多单位；我们在干一项事业，相关的还有很多事业。所以说，无论是做人还是做事，都不能独来独往，都必须融入社会之中。独来独往、天马行空，最后就会成为众矢之的。人与人之间要形成一种政治上的同志关系、生活上的亲情关系、事业上的伙伴关系、工作上的协作关系、环境上的友好关系。

不要怪社会不公，那是我们人自身的不公；不要怪社会不和谐，那是因为我们人自身不和谐。一切从人做起，做人又要从自己做起，不要小看自己，我们都是社会恶善的种子。

83　节约是赚自己的钱

节约是一种美德，是一种习惯，也是一种经营。

节约可以培养人的品德，也能让人创造财富。

人的财富，一方面靠创造，一方面靠积累。只有创造没有积累，财富就像流水，来得快，去得急，来了就走，不留痕迹。

创造财富需要资本，需要机遇，需要环境，主动权不一定全部被自己掌握；而节约无须投入，不要成本，主动权完全掌握在自己的手中。

创造财富是发展自己的事业，经营自己的业务，赚别人的钱。勤俭节约是把消费支出精打细算，经营自己的财富，赚自己的钱。

一个人如果连自己的钱都不会赚，他还会赚别人的钱吗？不会节约，轻则提高自己的经营成本，减少自己的利润，重则使自己养成挥霍的习惯。不珍惜自己的劳动成果的人，最终会变成败家子。

许多人没有经历创业的艰辛，不知道财富来之不易。继承家业容易，守住家业很难，使现有家业再升值、再积累，开创辉煌就更难。挥霍容易勤俭难，节约赚自己的钱更难。

84　走仕途该不该急

走仕途该不该急？

说该急也该急。比尔·盖茨39岁成为世界首富，孙中山28岁创办兴中会，孙权19岁据江东，康熙6岁登基当皇帝。想早日掌权，为百姓做些有益的事，迟一年掌权，就耽误365天用权，这么说也该急。

说不该急也该不急。因为每一个人职务是受限制的，不可能都当国家领导人，也不可能都当高级干部。如果在迟早都能到达的范围内，迟一天和早一天也没有区别，一个轮回之后，迟的和早的都是一种称谓，即原某某。这样思考，也不要去急。因为急与不急是一样的结果。正处副处，最后都回原处；正局副局，最后一样结局；正部副部，都得回家散步。

急与不急也要辩证思考。能急的不要慢，该慢的不能急，该急则急，该慢则慢，急中求稳，稳中求急。该急时可以急，能急时才能急，该慢时则不能急，急了反而变成慢。是你的跑不掉，不是你的争不来，命里只有八斛米，走遍天下不满升。

85 学会竞争思维

市场经济的特点是市场配置资源，是竞争经济，是法制经济。要学会在市场经济中生存，就必须学会市场经济的思维。长期以来，我们搞的是计划经济，计划经济是政府配置资源，计划由政府批，市场份额由政府批，长此以往，就形成了“等”“靠”“要”的思维方式。一切都等着上面发话，上面定调，躲在大树底下好乘凉。

市场经济要靠市场配置资源。要争利益最大化和市场份额最大化就必须用竞争的思维去思考问题、对待问题、处理问题。天上不会有馅饼，即使有馅饼也要靠自己去争取。既然有竞争，就要有竞争实力，有竞争的艺术，有竞争的才能。没有学会游泳，没有游泳的能力，就不要在学会游泳之前随便下水，下水只会被淹死。

人的能力不是天生的。是在斗争中锻炼的，是在竞争中增长的，是在实践中磨砺的。它等不来，想不来，要不来，命运掌握在自己手里。

要竞争就要有自己的优势，即使没有绝对优势，也要有比较优势。优势是多方面的，要么有资源优势，要么有智力优势，要么有品格优势，也就是说：别人没有的，我要有；别人有的我也要有，并比他强。

86 领导的责任、方法与艺术

一个人走上领导岗位，不仅有自身的素质能力和水平，也有组织的培养与关怀，要学会感恩，心存感激。要感谢组织，组织常在我们的身边。要强化责任，在其位、谋其政、干好事，群众常在我们的身边。

水不仅可以载舟，也能覆舟。从群众最关心、最需要的事干起，从群众最反感、最不需要的事改起。想群众所想，干群众所盼，群众才会拥护我们。当官不仅要敬畏群众，也要敬畏历史，要干一些利长远，经得起群众和历史考验的好事。群众才会经常念叨我们，记得我们。

领导不仅是一面旗帜，也是一个导向，一面镜子，理想的缺失是最根本的缺失，信仰的滑坡是最根本的滑坡。理想信仰不是虚的，而是落实在为人民服务、为人民谋利益上。

不仅要抓经济建设，也要抓党的建设。发展经济是我们的责任。保证经济发展也是我们的责任，不仅要用经济的手段，也要用法律的手段。要注意干部的情绪，发挥组织优势保证经济的发展。

要讲民主，也要讲集中。民主集中制是我们党的根本组织制度和领导制度，也是我们的政治优势。集中过了头，就是专制，集中不到位，就会分散。要把握好这个度。决策时要讲民主，执行时要多讲集中。

团结需要方法，也需要艺术，团结不是一团和气的团结，要有原则，不要回避矛盾，在解决矛盾中求团结，在坚持原则中求团结。

领导岗位不仅很重要，而且很有风险，要常常约束自己，提醒自己，同经济打交道，和同志打交道，要讲原则，讲规矩，讲正气。要做到常在河边走，就是不湿鞋，守得住清贫，耐得住寂寞，抗得住诱惑。

87 权力与权威

我在党校工作近十年，经常有人说：党校一无权，二无钱，谁都不怕党校，党校也谁都不怕。但权力有什么意思？要权力干什么？无非是想有人尊重，有人重视，有人相求。权力不是受尊重的唯一条件，没有权力，但有权威，别人也会尊重。

权威是多方面的，可以是知识的权威，也可以是理论的权威。权威不是与生俱来的，也不是一劳永逸的，权威是要靠自己树立起来的，也要靠自己去巩固。没有学习就没有知识，没有知识就不可能形成知识的权威。没有研究就没有理论的创新，没有理论的创新就不可能成为理论的权威。

有为就有位，成为知识的权威、理论的权威，就不怕别人不钦佩。权威的力量不是来自压服，而是源自于折服。

88　资本与资源

我一辈子都工作在没有多少钱的地方，没有资本，就没有投资，没有投资，就没有回报。所以和我有经济关系的朋友不多，因为我无法从经济上给他们支持和帮助。

我没有资本，但有资源。搞了一辈子的教育，培养上万名本科生，亲自带出来的博士和硕士有上百人。我没有当很大的官，但我的学生有很多当大官的人。我没有很多的钱，但我的学生中很多人很有钱。他们都很尊重我，这就是我最大的资源，我以他们为豪。

资本可以有直接效益，资源会有间接效益，资本可以建立很多经济关系，资源可以建立很多情感关系。经济关系是效益，情感关系也是效益。

89 思考·说话·做事

把要思考的问题想清楚，让自己搞明白；把想说的话说清楚，让别人听明白；把想做的事做到位，让大家感受到、看明白。

把问题想清楚，做一个思路清晰的人。自己没有想明白的问题，不要拿出来说，以其昏昏，使人昭昭。一知半解，自己会迷惑，会走入思想的死胡同。

语言是交流的工具，明白的语言更有意义。想说的话，把它说明白，不要结结巴巴，不要含糊其辞，要让人听得懂、记得住、忘不掉。这样说话，才有冲击力、才有生命力。否则，就等于没说。把简单的问题说简单是初级水平；把复杂的问题说复杂是中级水平；把复杂的问题说简单是高级水平；把简单的问题说复杂是没有水平。

人人都在做事，甚至在做相同的事。但有的人做事效果好，有的人做事没有效果，有的人做事还有反效果。

做什么事都要用心去做，把好事做好，锦上再添花；把难事也要做好，不留后遗症；把不好的事也要做好，让它朝好的方面转化。

90 认识·意识·常识·规律

人与人之间有一个相识到相知的过程，人对事物的认识也有一个从常识到规律的过程。认识才能产生意识，意识才能驱动深入认识。

认识是了解事物的前提。不认识的人，很难成为朋友，不认识的物也不可能叫出它的名字。不认识路，很难顺利到达目的地。没有认识就没有了解，没有了解就没有意识，所以做任何事要提高认识，认清本质。了解意义，才能产生意识。

意识是做好事情的前提。没有意识到的事情就不会主动去做，不主动去做的事就不会做得很好。没有意识到的问题，就不会去认真思考，没有认真思考的问题，就不会想得很清楚，没有想清楚的问题就不会解决得很好。意识决定行动，行动决定效果。

常识是掌握规律的前提，万事万物都有规律可循，了解它的规律就从了解它的常识开始。常识是一般人都能认识的公众道理，规律是对常识的深化认识。要认识数学、研究数学，就要从背它的一般公式开始，只有知道1+1＝2，才有可能知道什么时候“1+1≠2”。认识了普通常识，才能懂得一般规律。认识了一般规律，才会研究特殊规律，掌握特殊规律。

91　心态·状态·姿态

心态是人类最好的化妆品和粉饰品，心态决定状态。阳光心态，使人精神饱满，斗志昂扬，充满朝气；灰色心态，使人无精打采，萎靡不振，看不到社会的光明，看不到人生的希望；阴暗心态，反看社会，反观人生，人没一个好人，事没一件好事，社会一片黑暗。

状态决定姿态。人充满朝气时，会努力对待工作，积极对待人生，热情对待朋友，包容对待社会，忠诚对待选择。人精神不振时，会平庸对待事业，“看透”社会，“看透”人生。人反看社会时，会消极怠工，精神懈怠，阻碍先进，甘为后进。

姿态源于状态，状态源于心态，心态需要调整。人都有七情六欲，心态都很复杂，心态也在变化，变化的方向在于调整。心态是自己的，形成条件是客观的，调整心态的方法是综合的。

附：有一个老太婆，大女儿是卖布的，小女儿是卖伞的。每次下雨就担心大女儿的布卖不出去，烦恼；每次天晴又担心小女儿的伞卖不出去，也烦恼。365天，天天烦恼。后来经人指点，下雨就想小女儿的伞卖出去了，高兴；天晴就想大女儿的布卖出去了，也高兴。365天，天天高兴。

92　处境·心境·语境

话分好话与坏话，一般人都喜欢听好话，不爱听坏话。但好话不一定好听，不一定就有好的效果。因为说话的处境、心境和语境有差别，听话的处境和心境也有差别。话为什么好听，是因为它让人感觉好，话不好听，是因为它冲击人。

讲话的内容、语气、声调都是讲话的要素，而讲话的要素又由语境所决定，讲话的语境决定讲话的效果。讲话的语境又由讲话的心境决定，讲话的心境又由讲话人的心情所决定。阳光心态，讲出的话让人有很好的感觉。心情不好时，好话变成套话，语气使人不舒服。人的心情又由处境决定，人所处的地理环境、物资环境、生存环境和思想环境，决定人的心情。

处境决定心境，心境决定语境，语境决定讲话要素，要素好坏决定讲话效果。

听话也要设身处地，分析讲话人的心境处境，只有这样才能更准确地理解讲话人的内涵。

93 心病还须心药医

心理活动无人不有，无时不在。学习和工作取得成就使人愉快；天灾人祸使人痛苦悲伤；面对挑衅引起激动愤怒；遭遇危险使人恐惧震惊；美好的事物令人萌发欣喜爱慕之情；丑恶的现象使人顿生憎恨厌恶之感。这些喜怒哀乐愤忧，无一不是通过心理活动而产生的情绪和行为。

具有健康心理素质的人，往往在挫折袭来的时候能理智分析，沉着应付，积极寻求解脱的办法，顺利地走出困境。而心理素质脆弱的人，则感到张皇失措，沮丧懊恼，怨天尤人，久久不得排除，甚至会钻进牛角尖或走向极端轻生，或产生危及社会的报复行为。

衡量一个人心理是否健康，主要是看其心智是否正常：是否善于协调和控制情绪；意志和品质是否坚强；人际关系是否和谐；心理行为是否与年龄相符；能否保持人格的完整和健康；能否能动地适应和改善现实环境。一般来说，心理健康的人大多喜欢自己的工作，有朋友且乐于与别人交往，对自己有适当的了解，而且颇能喜欢自己，能运用有效方法解决遇到的困难。

患有心理疾病的人最需要真诚、真心的帮助。谈心是一种以心换心、情感交流的好办法。谈心一般可分为三种。第一种是激励式谈心。对那些要求进步，想在工作或学习上取得成就而产生的心理问题，一方面鼓励他们再接再厉，另一方面鼓励他们正确对待自己。第二种是疏导式谈心。对心理遇到障碍和挫折的人，进行开导、帮助其摆脱困境。第三种是医治式谈心，对心理有严重障碍和疾病的人，要分析原因，指明光明的前景，让其乐观地生活。

94　谈知觉

人的知觉分三种：先知先觉、后知后觉、不知不觉。

不知不觉的人没有，只要有人还活着，就会通过感知，得到一些信息和知识，这是人的共性，也算普遍的规律。

先知先觉，指的是一个人天赋好、悟性强和智商高，这些是由父母决定的，是先天生成的。我们能做的就是要把父母给我们生成的潜能都尽可能地发挥出来，不让潜力永远潜在。

后知后觉是指人生的积累，这才是我们要努力的。人的知识靠积累，靠个人阅读的积累、经历的积累、劳动的积累。

人不可能不知不觉，也不可能都是先知先觉，更多的是后知后觉。勤奋、好学是后知后觉的前提，多种经历是后知后觉的基础，参与社会实践是后知后觉的保证。

95 谈执政

在电视里面看到埃及总统穆巴拉克宣布停止总统职务，把执掌了几十年的政权拱手让出。看到这里，我写下了下面一段话：

执政的时间越长越要有忧患意识。因为人的本能是求新求变的。再美的东西，看久了都会产生审美疲劳，再好的东西接触久了也会生厌。执政党要始终保持蓬勃生机和理论与实践的创新，让人们感觉到党的生命力的所在。

地位有多高，政权有多稳，群众是基础。埃及总统穆巴拉克有美国人的支持，也几次躲过暗杀，但最终还是没有逃脱人民的制裁。在关键时刻，支持穆巴拉克执政的游行队伍只有几百人，要求穆巴拉克下台的队伍全国都是。

当别国的附庸，照抄别人的模式，听从别人的指挥是靠不住的。顺利的时候，你是他的朋友、走狗；困难的时候，他不是你的靠山，甚至是推翻你的杀手。

执政者必须把人民放在心里，人民才会让你坐在执政席上。忽视群众的情绪，忽视群众的利益，把自己的利益、政党的利益看得太重，必然失去群众的支持。

执政的团队必须是一个同甘共苦的团队，有福共享、有难同担的团队。关键时候丢卒保帅、舍人保己是不现实的，最终只会是卒也舍了，帅也死了，两败俱伤。

96　党的安全

中国共产党是工人阶级的先锋队，同时是中国人民和中华民族的先锋队。中国共产党没有自己的特殊利益，人民的利益就是党的利益。

信仰是凝聚中国共产党的纽带。信仰动摇等于纽带断裂，纽带断裂必然导致共产党四分五裂、派系林立，一盘散沙。

基层党组织和党员是共产党的基本细胞，基层党组织战斗堡垒不牢、党员的先锋模范作用不好，就等于细胞坏死，细胞坏死，最终必然导致躯体衰竭。

民主集中制是共产党的根本组织制度和领导制度，民主集中制发挥不好，就等于列车在脱轨运行，脱轨运行的列车必然车毁人亡。

群众是共产党执政的基础，脱离群众就等于动摇基础，基础不牢，地动山摇。

党内腐败就等于党的肌体感染了病毒，长出了毒瘤，如果不能及时有效医治，必然发生病变，进而病入膏肓。

共产党执政要常问三个问题，一是我们的政权是哪里来的？大家都知道是人民群众帮我们打下来的。二是要问人民群众为什么要帮共产党打政权，而不帮国民党守政权？除国民党自身的问题之外，共产党是给人民有承诺的：“让人民当家作主，让人民富裕起来。”三是要问共产党的承诺兑现没有。打江山时人民群众向共产党买的是期货：人民群众看我们做什么，还要看我们说什么。现在共产党执政了多年，人民群众向共产党买的是股票：人民群众看我们说什么，更要看我们做什么，它需要变现。如果共产党不能兑现承诺，人民群众就会抛弃共产党，就不会支持共产党执政，共产党执政就没有了基础。

97　上帝没给任何人后悔的机会

当我们发现选择失误造成不良后果时，都会有后悔的意识；当我们做某件事，事与愿违的时候，都会有一种从头再来的冲动；当我们的人生道路走到一定时候，发现不尽如人意的时候，都有一种悔不该当初的感受。如果能够后悔，如果能够重新选择，如果能够从头再来，该有多好。是啊，如果能这样，我们会聪明很多，我们的社会会少很多错事。可惜，上帝就没有给任何人留这样的机会。

早知今日，何必当初。人的抉择，需要慎重；人的表态，需要思考；人的行为，需要三思；实施计划，需要周密。一言既出，驷马难追。说出去的话，泼出去的水，难以回收。万事从头开始，成功从第一步开始，好的开始是成功的一半。

做对的事，做错的事，都是自己做的事；好结果，坏结果，都是自己所为的结果。人生的成功和失败都是自己亲身的经历，不后悔，好好去面对，要想不后悔就要把好开始关。

98　水和水利

什么是水？有一位日本学者曾经写过“水五则”：自己活动，并能推动别人的是水；经常探索自己方向的是水；遇到障碍物时，能发挥百倍力量的是水。以自己清洁洗净人的污浊、有容浊纳清宽大度量的是水；汪洋大海能蒸发为云，变成雨雪或化雨为雾，又或凝结成宛如明镜的冰，不论其变化如何，仍不失其本性的也是水。生命不能没有水，生存不能没有水，生活不能没有水，生产不能没有水。水是生命之源，生产之要，生态之基。

水没有一定的形态，善于变化，它不拘束，不呆板，不僵化，不偏执。有时细腻，有时粗狂，有时妩媚，有时激奋。水有灵性，是生活之艺术；水有灵性，是生活之朋友；水有灵性，是生活之伙伴。水有刚性，可排山倒海；水也有烈性，似洪水猛兽；水也有劣性，成患就难治。所以，我治水，水治我；我若不治水，水必要治我。因此，我必须治水。

治水不是堵水，你不给它出路，它就不给你生路。要顺其自然，保持人与自然的和谐；要安全治水，变水患为水利；要民生治水，使水真正成为生命之源。

99　一分耕耘一分收获

在2012年的省社科成果评奖中，我得了一个一等奖，还有一个二等奖。有关单位要我写一份百字感言，我思考后总结出一句话：一分耕耘一分收获。

收获来自耕耘。耕耘是收获的种子。要有收获就必须辛勤耕耘，种豆得豆，种瓜得瓜。天上从来就不会掉馅饼。

收获同付出的劳动成正比，一分耕耘一分收获。勤奋、钻研和汗水是收获的三要素。科学的道路上从来就没有捷径可走。

种豆不一定得豆，不种豆是肯定不能得豆的。付出不一定有收获，但不付出是肯定没有收获的。只要别人的恩赐，只要别人的施舍，这样的收获肯定不能长久。不劳动，不耕耘，靠投机取巧能一时有收获，但这种收获肯定不会经常有。

做人是这样，生活是这样，学习是这样，研究也是这样。我一个人要做两个人的事，承担一份一把手的管理工作，还承担一个教研人员的教学科研任务。累不累？很累。值不值？很值。有了耕耘，就有了收获，奖励就是最好的肯定。

100　环境影响人的品质

最近到常德调研，听说常德人有几种好的品质，而这几种品质的养成又和常德的地域文化分不开。

一是常德人特别好客，这种好客的品质就受到农耕文化的影响。参加劳作的人们认准一个道理，就是种豆得豆，种瓜得瓜。有时候种了不一定有收获，但是不种就绝对没有收获。施舍不一定有回报，但是不施舍肯定没有回报。因此，宽以待人，待人厚道热情就慢慢成了常德人的品质。

二是常德人很团结，相互关照提携。这是因为垸区文化的影响。常德属于湖区，一个垸区多则十几万人，少则几万人，他们有共同的利益，也面临共同的危险。平时自己种自己的田，一旦洪水来临，锣鼓一响，村民都聚集起来，共同应对洪水的威胁，谁都不偷懒，人人拼尽全力。因为洪水来了，受灾的不是一个人，而是所有人。长期以来共同奋斗形成了团结的品质。

三是重知识爱学习。这受常德移民文化的影响。常德经常遭水灾，经常移民。多次的移民经历让人们认识到，长年累月艰苦的劳作，积累了一些财富，洪水一来，就什么都没有了，被洪水冲走了。只有个人的知识和本领还在。时间长了，人们就形成了一种品质，重视学习，重视对环境的适应能力的培养。

以上的说法，暂且不谈正确与否，但它还是能自圆其说，并揭示了一定的道理。人都有自己的品质，而品质又受到环境的影响。一个人生存的环境、生活的氛围对个人的品质形成虽然不起决定作用，但却起到十分重要的作用。

人的品质形成，既需要自身的品德修养，也取决于教育和文化程度，还受到环境的影响和熏陶。小环境受到大环境的影响，小环境也能够影响大环境，各种园区文化构成地域文化，地域文化形成社会文化，文化影响人的品质。这就是我们常说的“一方水土养一方人”。

101 谈执行力

在能力同等的情况下，影响一个人的执行力的主要因素是工作态度。工作态度分为积极的态度和消极的态度。积极的态度又分为表面积极和实际积极，或者是表面积极却实际消极，或者是表面和实际都积极。消极的态度也可以分为：完全消极，即从态度到行为都消极；态度积极行为消极，即表态很好，但行动迟缓；冠冕堂皇的消极，即找一个表面上都过得去的理由，拖延时间。

由于态度的不同，执行力也有差别。一种是完全执行，即从任务到时间都不打折扣。一种是有选择地执行，即对自己有利的就执行，不利的就不执行。一种是虚执行，即表面上在落实，一级传一级，不督促、不检查，完全没有落实。一种是死执行，即执行时不动脑筋，不想办法，以执行决议为幌子，弄出矛盾就上交。最后一种是不执行，什么也不做。

态度决定行为，行为决定效果。态度上完全消极和行动上不执行的种种表现，实际上是一种向决策者叫板的行为。叫板分为硬叫板和软叫板，不执行是硬叫板，态度积极、行动消极是软叫板。

102　有些事不必太较真

事情是大家的，只要船过得，舵也过得，就不要太坚持自己的观点。

道理是要讲的，只要能自圆其说，总有一定的争论，不要只讲自己的一孔之见。

职位是国家的，是人民给的，要站在全局考虑问题，不要坐井观天看世界。

官员是流动的，今天是甲地的官，明天可能就是乙地的官，不要为一域之利死坚持。

谈到这些，我还真有些亲身体会。我这几十年，工作就绕着岳麓山在转。从师大到财院，从财院再到师大，从师大再到党校。特别是财院和党校屋角相对，院落相连，从地理位置上无法完全分开。由于历史的原因，两校为一个操场争了几十年，激烈的时候还打过架。我在财院工作时，分管后勤，直接同党校争操场。四年之后，我从师大调到党校当一把手，又同财院争操场，好在最后妥善解决了。

“屁股”指挥脑袋，为自己的团队谋利益无可非议。这就是我们常说的：为官一任，造福一方。我所讲的不较真，就是要放眼看世界，全面想世界，把所有的事放在全局中去考虑，去落实，跳出地域看地域，跳出自己看自己。

103　新官上任谨烧三把火

新官上任，想出政绩，想打开局面是可以理解的，态度也是积极的。但这样做可能会弄坏事情、失去群众、不解决问题，没把别人烧掉，把自己烧掉了。

谨烧三把火，不是说到一个地方就墨守成规，就不改革创新，而是说烧火之前，要弄清三个问题：一是水有多深，即把好脉，弄清主要矛盾，弄清楚问题的严重性；二是风往哪边吹，即弄清楚舆论倾向是什么，解决问题的基础在哪里，主要力量在哪里；三是退路在哪里，即制订好改革的备用方案，不至于火吹向自己时，无路可退，置自己于死地。

烧火的前提是调查，烧火的基础是清醒。先调查、后说话，先思考、后行动，先准备、后实施。有备无患，三思而行，依法办事。

104 县委书记和县长

我没有当过县委书记，也没有当过县长，但我经常在县里调研，在调研中听到了一些说法、发现了一些问题，也悟出了一些道理。

县委书记和县长的关系，实际上是党委和政府之间的关系。党委是领导，领导主要靠政治思想领导和组织领导。顾名思义，党委要出思想，用思想统一人、凝聚人；党委要出主意、出观念，用观念引导人、管理人；党委要出干部，把自己考察的干部通过人大任命变为政府中的执政者。政府是执政，要出思路，用好的思路落实好党委的思想；政府要有推动力、执行力，把党委的思想落实到位；政府要抓管理，用有效的管理落实党委的战略思想。

县委书记和县长的工作各有侧重，有所区别。书记是班长，县长是法人；书记出思想，县长出思路；书记管宏观战略，县长抓具体落实；书记管好人，县长管好事；书记讲话多，县长干事多；书记想得多，县长落实多；书记算政治账多，县长算经济账多；书记通过使用干部抓管理，县长通过经济杠杆抓管理。

党委和政府、书记和县长，分工不分家、侧重不偏重。领导是集体领导，执政是在党委领导下的执政。不要因为个人的素质，影响两者的关系；不要因为个人的因素，影响政策的落实；不要因为个人的分歧，影响工作的推进。

105　没有通道，通行证有什么用

早晨出去办事，遇上堵车，路上停滞了，各种各样的车辆堵在路上，几乎寸步难行。一些平时横冲直撞的特种车和有特别通行证的车也停在那里。有的司机一个劲地按喇叭，意思是“我有特别通行证，应该让我先走”。但是不起任何作用，想让的或不想让的都让不了。让不了，是因为没有通道，没有通道，就是有特别通行证也没有用。

官二代、富二代，就像是有了特别通行证的车辆，要么有政治资源，要么有经济资本，但是前提是要有通道。要想优先，就得有优先的基础和条件。要想有特殊，就必须有一般，没有一般就没有特殊。没有一般车辆通行的通道，就不可能有优先的通道。

做事要一步一步来，只有走好了路，才能跑得快，只有基础好，才能发展好。不要想一步登天，不要只躺在优越的环境和条件中不思进取，固步不前。出身再好，没有主客观两方面的条件，什么都只能是一种假设，一种空想。

106　当好理论翻译

理论是统一思想的保证，是步调一致的保证。理论只有掌握群众才会产生无穷无尽的力量，理论只有大众化才能被群众所掌握。

理论的大众化首先是理论本身要反映大多数人的诉求，满足大众的需要，回答大多数人关心的问题，这样才能产生亲和力，才能有生命力。

要符合大众口味。理论从总体上来讲是抽象的，是宏观的，也是深奥的、难懂的。理论实践的首要任务就是当好理论的翻译，要用群众听得懂的语言作为报告语言，用群众身边的实例作为讲课的案例，用群众熟悉的东西作为讲课的道具，使语言群众化，使内容形象化，使形式生活化。要让老百姓想听、爱听、听得懂、记得住、忘不掉、用得上。

要说大众话，不仅要讲通俗易懂的话，而且要讲打开时代问号、破解生活难题的话。语言要有穿透力，要有理论、文化、历史的高度和深度；要有冲击力，理论宣传要有针对性，要以问题为起点；要有震撼力，要反映大多数人最关心、最关注、最关怀的问题。

107 对党校规律的认识

我在党校任常务副校长近十年，在工作实践中认识了一些党校办学的规律：

一、办学理念：一是坚持培训立校、科研兴校、人才强校。二是培训工作教学为重，队伍建设教师优先，做到人为本，师为先。三是理论创新到哪里，我们的教学就要跟进到哪里；省委部署到哪里，我们的科研就要跟进到哪里；要做“湖南猫”，抓“湖南鼠”。四是不求权力，但求权威；没有资本，要有资源；不求神秘，但很神圣。

二、办学原则：坚持党校姓党的校魂，实事求是的校训，从严治校的校规，质量立校的校略。

三、目标“四型”：把党校办成学习型、研究型、智囊型、熔炉型的红色学府。

四、人际“四关系”：政治上的同志关系、生活上的亲情关系、工作上的协作关系、事业上的伙伴关系。

五、校园建设“四园四宜”：远看是公园、近看是花园、细看是校园、感觉是家园，宜居住、宜生活、宜工作、宜学习。

六、管理“四要求”：一是两个清零，即要求学员以知识清零的态度搞好学习，以职务清零的姿态搞好党性修养；二是三个转变，即要求学员从领导向学员转变，从工作向学习转变，从家庭生活向集体生活转变；三是保证“四率”，即要求学员保证到课率、自习率、就餐率、返校率；四是严格学习纪律，即要求学员上课时手机不响、小话不讲、思想不懒、认真听讲、精彩鼓掌。

108 经典的力量

经典是历史的积淀，也是时代的观照，是思想的明灯，更是行动的指南。马克思主义经典著作是马克思主义理论体系精神实质和思想精髓的根本载体和集中体现，是被历史和实践证明了的指导中国革命、建设和改革的锐利思想武器，是中国共产党和中国人民最可贵的理论资源和精神财富。

经典是理论之本。一切行动都离不开理论指导，任何理论都有自己的源头。我们要进行理论武装，理论从何而来？根本上从马克思主义经典著作中来。所以学习马克思主义的经典著作，就是学习理论之源。我们要提高自己的理论素养、夯实理论根底，就必须认真学习马克思主义经典著作。离开了经典，理论就成了无源之水。不深入研究经典，就不知道马克思主义理论有多么博大精深。只有在原原本本地阅读研究原著的过程中，才能领会马克思主义经典著作的理论逻辑和深刻内涵，感受马克思主义跨越时空的思想魅力。

经典是政治之基。政治上的坚定如果没有思想上的清醒和理论上的成熟，就没有基础；而思想理论上的成熟也离不开经典著作的学习研读。从这个意义上讲，学习经典著作是我们坚定政治立场、政治方向、政治观点的基础。万丈高楼平地起，基础不牢，地动山摇。党员领导干部要通过深入、系统、全面学习马克思主义经典著作，提高理论素养，坚定理想信念，增强防腐拒变能力。

经典是能力之源。当前干部教育培训中有一种倾向，就是过于注重职业应急培训，具体表现为缺什么，训什么，头痛医头、脚痛医脚。应该说，这样的培训教育能够直接产生显性的效果，帮助各级领导干部处理一些实际操作问题。但是要从根本上真正提高一个党员干部的各项能力，首先必须牢牢把握马克思主义的基本立场、基本观点、基本方法。有了正确的基本立场、观点和方法，解决问题才会合情合理、科学有效。认识一切事物都必须认识它的基本规律，掌握好了规律就会一通百通，一切问题就会迎刃而解。

经典是镇校之宝。党校姓党，守土有责。马克思主义经典著作是党的传世之宝，也是党校的镇校之宝。马克思主义经典著作的学习、对党员干部的理论武装是党校教育培训的强中之强、优中之优。正如学员们所称道的："岳麓山下，不冷不热，正好学马列。"学马列，教马列，研究、宣传马列，是党校的特色所在、优势所在、感召学员所在。党校如果不能把马克思主义理论及其经典著作这门主课、看家课教好、学好，党校的特色优势就会消失和丧失，党校就失去存在的理由和价值。

经典是教学之魂。党校的教学必须向实践贴近，向理论提升，向复合式努力。也就是说，党校课堂教学不能经院化，从理论到理论，让人听不懂，但是也不能庸俗化，从故事到故事，让人不得要领。更不能娱乐化，一味追求生动搞笑，让人一笑了之。要做到书生气不可有，书卷气不可无，具备深厚的理论底蕴和文化底色。这就要求党校的教师必须善于在经典中找根据，在原著里寻渊源，坚持经典原著学习与时代的主题相结合，与发展的实践相联系，与现实的工作相衔接，做到“管用”、“实用”，使学员通过学经典读原著，武装头脑，开阔视野，陶冶性情，坚定理想信念，增强信心决心，提高解决实际问题的能力，增强马克思主义的解释力、说服力、感召力。

109　原来经济学也很通俗

万事万物都有规律可循。抓住了规律，掌握了核心，其他问题都会迎刃而解。我曾经学哲学，老师给我们讲几十个课时，涉及的内容很多，但讲完之后，有人问我什么是哲学，我还是讲不明白。后来在学习中注意它的核心问题，我才悟出，哲学要解决的核心问题归纳起来就是四句话，即世界是物质的，物质是运动的，运动是有规律的，规律是可以认识的。

经济学给人的感觉更难，更复杂，更不容易掌握。听完王东京教授的报告后，才认识到经济学需要掌握的核心理论就是九句话。即三个假定、三个原则、三个方法。

首先是经济人假定。即：人都是经济人，人就有理性、自私的特点。既然有理性、自私的特点，人就会追求利益的最大化。商人追求利润最大化，知识分子追求声誉的最大化，官员追求职务的最大化。利大大干，利小小干，无利不干。追求利益最大化势必会坚持成本收益分析的方法。出现“花自己的钱办自己的事，既讲成本，又讲效益；花自己的钱办别人的事，只讲节约，不讲效益；花别人的钱办自己的事，只讲效益，不讲节约；花别人的钱办别人的事，既不讲节约也不讲效益”的现象。

其次是资源稀缺假定。经济学只研究稀缺资源，凡是有价格的资源，都是经济学研究的对象。研究资源就必须坚持需求原则。供不应求，价格就上涨；供过于求，价格就下跌。供不应求，成本和利润定价，生产者说了算；供过于求，消费者决定价格，价格决定成本。有供求关系就要有均衡分析方法，市场价格是买卖双方均衡分析的结果，有市场的价格，就是合理的，不能去人为地打压，打压会带来一系列的问题。

第三是私有财产保护假定。只有私有财产受保护，人们才会积累财产。如果私有财产不受保护，人们就不会追求利益最大化，而是坐享其成，抢别人的财产，就会出现抢劫经济、土匪经济。私人财产受保护就要坚持等价交换原则。由于私人财产受保护，要得到别人的产品，就必须交换。既然有交换就要等价，交换、分配就要追求最佳状态，即帕累托标准的方法，也就是在分配中让每个人都各得其所。只有在保护一部分的利益的基础上保证另一部分人的利益，改革才会顺利。

110 在领导身边如何工作

在领导身边工作时间包括长期和短期，内容包括说话和做事。我观察领导身边工作的人，大体有三种情况：

一是不叫不到，不问不答、不交不办。这种情况的优点是把主动权交给领导，不会干扰领导的思考和工作。缺点是给人一种消极的感觉，办事情缺乏主动性。

二是不叫也到，不问也说，不交也办。主动围绕领导转，主动抢着事情干，主动找着话来说。这种情况的优点是态度积极，想让领导满意；缺点是不能给领导留下应有的时间和空间，因为领导也需要单独思考问题和独处的时候。领导交办事情会在统筹考虑后交给最合适的人去做，不一定每件事你都是最合适的人。说话要慎重，领导谈话你去插话，领导不高兴；总是在领导面前滔滔不绝也令人不喜欢；总是在领导面前搬弄是非，领导更不喜欢。

三是即叫即到、即问即答、即交即办。这种情况既解决了太消极的问题，也克服了太主动的不足，应该是一种比较合适的工作状态。

在领导身边工作是一种高超的艺术，要做到让领导满意，最好的状态是即叫即到、即问即答、即交即办，这就需要较高的素质，并且要把握好一定的度。

要做到即叫即到，就要和领导保持合理的距离，虽然不要时刻围在领导身边，但也不能让领导找不到人。要做到即问即答，就要加强学习，掌握信息，保持一定的知识面和信息量，领导一问就能答，不能一问三不知。要即交即办，就要有一定的办事能力和协调能力，做到能办事、会办事、办成事，不要交而不办，办而不成。

111 用中医的方法搞调研

有地气才有底气，地气来源于对情况的明了，对情况的了解，来源于调查研究，调查研究的效果取决于调查研究的态度和方法。

人生病到医院去看病，西医的方法是要通过仪器检查得出结论。仪器检查不确定，就手术检查。这样做直接，可以快速知道结果。但这有两个不好：一是可能知其原，不知其所源；二是对病人的伤害太大。

中医诊病讲究“望”、“闻”、“问”、“切”，就是对病人观其色、闻其气、问其然、切其脉，找准病因，对症下药。

中医的方法很适用于调查研究。所谓“望”，就是深入现场，详细考察，掌握第一手材料。所谓“闻”，就是深入群众，倾听民意体验生活，了解实情，掌握真实情况。所谓“问”，就是实地访问群众，听取各方意见，不仅了解实情还要了解各方的心态和诉求，全面真实地掌握情况。所谓“切”，就是分析材料，综合考量，深入分析问题的原因，找到问题的实质。在“望”、“闻”、“问”、“切”的基础上，调查做得细致、到位，研究做得深入、透彻，就能找到解决问题的良方。

112 学习不能像挤公共汽车

由于公共交通不发达，公共汽车就成了供不应求的交通资源，人们在坐公共汽车时普遍都有一个心态：上车时为照顾自己下车时方便，都喜欢挤在公共汽车的门口，后来要坐车的人一看，车门口都挤满了，就打退堂鼓，不上去了。实际上，只要突破人口拥挤的门口，深入到里面，就会发现还有很大的空间。

学习也是一样，我们学到一定的时候，就会自我感觉学了不少东西，知识够多、够用了，就会自以为是，不愿意再继续学习、深入学习。实际上只要透过这层表面，突破这个阶段，我们就会发现还有很多东西需要学习，还有很多东西需要深入的了解，还有很多东西有待我们进一步探索和研究。只有我们深入一步，我们才会找到学习的空间，找到学习的余地，找到学习的动力。

做任何事情，都不要只看表面现象，只停留在外层之上，一定要深入地了解，深入地研究，深入地探索，才会找到新的起点，新的空间，新的发展位置。

113 打麻将的启示

打麻将追求的是和牌，和牌是打牌的结果，有结果才有乐趣，有乐趣，才会去打麻将，如果打牌不和牌，就等于拿着几块塑料瞎摆呼，时间长了，就不想玩了。打麻将要遵守三原则：

心中无炮。狭路相逢勇者胜。打牌如果太谨慎，就会慎小谨微，裹足不前，拿着十三张牌，就会认为张张都是炮，无牌可打。结果是很快就能听的牌，最终不能听，有时甚至听了还打成不听，不听牌，哪来的和牌。防范有积极防范和消极防范，积极防范是以我为主，争取自胜的防范，消极防范是牺牲自我的防范，为了防范别人，自己作出更大的牺牲。

顺其自然。抓好一手牌，不要主观臆想要和什么牌，要根据牌形和来势，顺其自然，决定和牌方法，不要打犟牌，不要打死牌，变则有法，活则有力，巧中取胜。

重点防范。心中无炮，不等于不加防范，重点牌局必须以防为主，防不好重点牌局，会使你损失惨重，翻不了身，还会影响士气，坏了手气，这时候要重点防范，不能因为听牌而不拆牌，因为放炮别人和了，你的听牌就等于没听牌。

114　湖与湘

湖南为什么叫湖南，因为它在洞庭湖之南，洞庭湖面积2820平方千米，是中国五大淡水湖之一。湖南为什么简称为湘，因为有湘江贯穿南北。湘江全长856千米，穿过湖南的永州、衡阳、株洲、湘潭、长沙至湘阴县归入洞庭进长江。湖南素有青山绿水之美誉，因为三湘四水而得名。三湘乃湘水发源地与漓水、潇水和蒸水交汇而得名。四水是指湘水、资水（又称资江，干流全长713公里，流域面积2.81平方公里）、沅水（又称沅江，全长1022公里，流域面积8.91平方公里）和澧水（干流全长388公里，流域面积18.496平方公里）。

湖南是块圣地。到湖南旅游，了解湖南的历史，研究湖南的文化，可以让人洗心革面；到韶山去感受毛泽东意志的力量、智慧的力量、品德的力量，可以让人“洗脑”；到南岳去，佛教的力量、道教的力量，特别是两教和谐共存的现实可以让人洗心；到岳阳楼去，先天下之忧而忧，后天下之乐而乐的精神可以让人洗魂；到张家界去，世界自然遗产之地，空气新鲜，可以让人洗肺。

115 发展与发达

我大学毕业时，刚好是中国改革开放初期。去美国的人很少，了解美国的人也不多，对美国的了解只停留在“美国的高速公路四通八达，美国看病很贵，美国的蔬菜比鸡蛋贵”等一些表面的了解上。

到了快退休的年龄，我终于踏上了美国的国土。

几天的考察，看了一些表层、了解了一些皮毛。从表面上，我把美国同中国进行了一些比较。中国是世界上最大的发展中国家，美国是世界上最大的发达国家。因此，中国和美国之间的比较也可以延伸为发展中国家和发达国家的比较：

发展中国家工厂多，发达国家银行多；

发展中国家建筑市场多，发达国家资本市场多；

发展中国家新楼多，发达国家老房多；

发展中国家打工的多，发达国家旅游的多；

发展中国家抽烟的多，发达国家喝咖啡的多；

发展中国家穷人多，发达国家中产者多；

发展中国家收费多，发达国家收税多；

发展中国家规定多，发达国家法律多；

发展中国家矛盾多，发达国家福利多；

发展中国家假货多，发达国家品牌多；

发展中国家建筑工地多，发达国家旅游景点多；

发展中国家城乡差别大，发达国家城乡一体化；

发展中国家讲奢华，发达国家讲文化；

发展中国家讲转型，发达国家讲定型；

发展中国家发展靠改革，发达国家发展靠创新；

发展中国家谈变化，发达国家谈经验；

发展中国家自己学别人，发达国家别人学自己；

发展中国家有进步，发达国家有成就。

今天的发达国家昨天是发展中国家，今天的发展中国家明天就可能是发达国家。发达国家有经验可学，也有教训可汲取。发展中国家对发达国家的学习不是照搬，而应该立足国情，消化吸收、扬长避短。发展中国家学习发达国家的经验可以加快发展，汲取发达国家的教训可以少走弯路，发展得更好更快。

跋

人的生命有长有短。少则几十年，多则上百年。一年365天，十年3650天，一百年只有36500天。无论是长是短，都是人的一生。

人的一生，有的辉煌，有的黯淡；有的精彩，有的平淡。不管是怎样，人的一生只要和社会结合，就是人生价值的存在。

对人生的理解，不同的人有不同的结论，有不同的感悟。美术家把它描绘成一幅画，文学家把它描绘成一首诗，哲学家会把它上升为人生的哲理。因为人走的路不同，人生的经历也不一样，人的知识底蕴也不相同。

我的人生感悟不求奢华，不求艺术，也不讲哲理，讲的都是白话，感悟的都是身边事，参照的都是身边人。可谓是用生活感悟人生，用白话叙述感悟。我的感悟不讲体系，也不讲逻辑，想到哪，写到哪。有时是饭桌上的感悟，有时是谈话中的感悟，有时是娱乐中的感悟，有时是工作中的感悟。我的感悟不用哲人的话做引子，也不在别人的案例中求佐证。每一句话都是我自己的思考，都是我在报告中讲过的。提到的每一件事都是我亲身经历的，提到的每一个人都是我认识的。我的感悟同理论文章比较，没有它的深度，但它秉持了我的一贯风格；同文学作品比较，没有它的诗情画意，但它都是我心灵深处的声音。

我的人生不算辉煌，也不很平淡，不算复杂，也不很简单。我大学毕业后就做管理工作，但我的教学和研究一直没有耽误，两者本质有矛盾，我也处理得不错，37岁当高校副书记，44岁当高校书记，40岁当教授，42岁当博士生导师，先后在三所学校当过一把手，三所高校从职能到定位都不一样，多岗位的经历丰富了我的人生。

我的感悟，不一定对所有的人都有启示，也不一定所有的人都认同。我的感悟，不是放之四海皆准的真理，只是一些自圆其说的道理；不是解决人生问题的灵丹妙药，只是人生应该掌握的基本方法。道理是多元的，没有真理的唯一性。方法是多样的，它只能因人而异，因事而宜。

我的感悟大体分成三个层面：人生、人际和人事。人生就是一个成语——任重道远。人的一生就是在书写自己的历史。我们的思想是墨水，我们的行为是钢笔，我们的一切言行举止都是在填写自己的履历表。人的一生包含八个字的感受，即：关心、关怀、关注和关爱。人在幼年时得到的是关心，成长时得到的是关怀，成就时得到的是关注，老年时得到的是关爱。人要学会积累，善于积累，做一个南瓜式的人，越老越甜，不要做丝瓜式的人，越老越空。人的一生要平常对待好三天：昨天、今天、明天；用心对待三个人：你、我、他；扎实做好三件事：自己的事、别人的事、社会的事；踏实走好三条路：生活的路、事业的路、人生的路；严格管好三肢体：手、足、口；潜心养好三个字：欲、心、行。道德常能填补智慧的缺陷，而智慧永远填补不了道德的缺陷，有德无才不成事，有才无德干坏事，德才兼备成大事。

社会人都要接好三根线：天线、地线和横线；人际交往四境界：毫不利己、专门利人，利己又利人，利己不损人和损人不利己。要用感恩的心对待别人，用自责的心对待自己；用宽容的心对待别人，用严苛的心对待自己。聪明的人不为一时的成功和失败、一时的得与失而动摇，坚定不移地走自己的路，离目标就会越来越近。自己是自己，别人是别人，自己不是别人，无须拿别人和自己做比较，别人不是自己，也无须在和别人的比较中找痛苦。放下过去的烦恼，放下未来的担忧，放下现在的执著，放下背负的包袱，内心就会宁静；不嫉妒、无贪念，没私欲，保持平常心，内心就会得到安宁。

管+理=管理。“管”主要是用制度告诫人该做什么，不该做什么。“理”主要是用沟通、引导的形式让人明白该做什么，不该做什么。一个人有权力，说一不二，镇得住是领导力；把姿态放低一些，对人谦和一些，形成亲和力也是领导力。奉行一朝权在手，便把令来行，用权力构筑权威，忽视自身的修养，权威会打折扣，效应会递减；注重自身形象、内涵和魅力塑造，权威就会加分，效应就会递增。秤杆子理论告诉我们，秤砣离所称的东西越近，它的力量就越小，秤砣离所称的东西越远，它就越能四两拨千斤，当领导要呵护自己的尊严，力戒庸俗，力戒同流合污。否则能压千斤的秤砣，到时会显得力量全无。百分之百的努力抵不上百分之一的懈怠；百分之百的成绩，抵不上百分之一的错误。权力是大家的，责任是自己的；成绩是大家的，问题是自己的；功劳是大家的，过错是自己的；成绩只有自己关注，问题众人都会关注。功劳是“软绩”，问题是硬伤。

感悟是我几十年的积累，提供给社会，旨在对后人有些启发，让后人站在我的肩膀上登高望远，少走弯路，成就事业。

徐晨光

2012年秋